시사
EJU
플랜

EJU
수학 I

시사일본어사

이 책은 일본 유학을 위해 EJU(일본유학시험)를 준비하는 분들께 제공하는 수학Ⅰ의 실전 문제집입니다. EJU 실시 기관인 일본학생지원기구(JASSO)의 허가를 받아 기출 문제도 제공합니다.

2004년 제1회 시험 문제부터 최근 시험 문제까지 핵심 문제를 가려 뽑아 제공하는 것은 물론, 문제 풀이 연습에 도움이 되는 예제와 연습 문제를 많이 실었습니다. 제공되는 기출 문제 및 예제와 연습 문제에는 풀이 과정을 상세하게 실어 이해하는 데 어려움이 없도록 했습니다. 이를 통해 실제 시험에서 자신감을 가지게 되는 큰 힘이 될 것으로 기대합니다.

다양한 문제 풀이에 중점을 둔 이 책에서는 〈수학Ⅰ〉 영역에서 익혀야 할 항목의 개념 설명이나 공식 등은 최소한으로 억제했습니다. 단, 개념 설명이나 공식 등은 예제를 푸는 과정에서 자연스럽게 습득되도록 많이 신경 썼고, 무엇보다 가장 중요한 실전에 강해질 수 있도록 구성해 실용성을 높였습니다. 한편, 이 책에는 '명제의 역, 이, 대우'처럼 다루지 않은 내용이 있습니다. 이와 관련해서는 과거 시험에서 한 번도 출제되지 않은 내용임을 밝혀 둡니다.

저자는 시사일본어학원에서 EJU 수학을 가르치고 있습니다. 그동안 많은 분들이 저자와 호흡을 같이했고, 진지하고도 진심 어린 모습에 깊은 감동을 받았습니다. 그분들의 그런 모습이 저자에게 이 책을 집필할 수 있게 한 원동력이 되어 주었습니다. 아울러 자료 제공부터 출판을 위한 힘든 작업까지 많은 분들의 응원도 있었습니다. 감사의 마음을 전합니다.

끝으로 이 책이 유학의 꿈을 실현하기 위해 애쓰는 많은 분에게 큰 도움이 되기를 기대하며, 모쪼록 목표를 향해 전력투구하여 원하는 꿈을 이루시기 바랍니다.

데라모토 고지

☑ 이 책의 구성과 특징

✅ 국내 최초로 기출문제 사용 승인

국내 최초로 EJU(일본유학시험) 주관 기관인 JASSO(일본학생지원기구)로부터 기출문제 사용 승인을 받았습니다. 따라서 이 책에는 실제 시험 문제를 푸는 데 가장 적합한 문제만을 엄선해 실었습니다. 이는 최단 시간에 최대 효과를 올릴 수 있는 기회를 제공합니다.

✅ 기출문제 완벽 분석

최신 일본유학시험(EJU) 〈수학Ⅰ〉 과목에 출제된 모든 문제를 철저하게 분석하였습니다. 평생 일본의 입시 수학만 가르쳐 온 저자 데라모토 선생의 기출문제 분석 노하우가 집약된 책으로, 기출문제의 유형을 한눈에 알아볼 수 있습니다.

✅ 문제 풀이 중심의 실전 대비

자주 출제되는 문제와 그 풀이를 중점적으로 다루었습니다. 따라서 많은 문제를 풀고 확인하는 과정을 통해 실전 경험을 쌓을 수 있습니다. 개념 설명은 꼭 필요한 경우에만 언급하였고, 문제 풀이에 도움이 되는 사항이나 꼭 알아두어야 할 내용도 꼼꼼하게 챙겼습니다.

✅ 3단계 학습으로 차근차근

〈수학Ⅰ〉 과목에서 다루는 모든 항목을 〈예제〉 ▶ 〈연습문제〉 ▶ 〈도전! 기출문제〉로 이어지는 3단계 학습으로 구성, 차근차근 실력을 쌓을 수 있습니다. 특히 이 책에 실린 모든 문제는 〈기출문제〉를 응용하여 만든 것으로, 학습 그 이상의 가치를 제공합니다.

✅ 〈모의시험〉으로 마무리 점검

모든 학습을 마쳤다면 시험 직전에 실제 시험 문제와 똑같이 제작된 모의시험을 풀어 보고, 자신의 현재 실력을 점검할 수 있습니다. 모의시험 후에는 자신에게 부족한 부분을 보충하여 학습하면, 실제 시험이 든든해집니다.

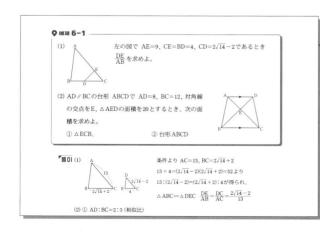

← 〈예제〉로 몸 풀기

기출문제를 기반으로 최대한 간단한 형식의 문제를 제시합니다. 이 문제를 통해 기본 개념을 확인하고 실제 시험 문제의 경향을 파악할 수 있습니다.

연습문제 6-1

(1) $\triangle ABC$で $AB=7$, $CA=8$, $\cos A=\dfrac{2}{7}$

$\angle BAD=\angle C$, $\angle CAE=\angle B$とする。

BCを求め、

面積比 $\triangle ABC : \triangle ABD : \triangle ACE$を求めよ。

(2) 円に内接する四角形で

$AB=1$, $BC=CD=\sqrt{2}$, $DA=3$である。

DAと CBの延長の交点をEとするとき、

EBを求めよ。

(3) $\triangle ABC$で $AB=4$, $AC=3$

$\cos A=\dfrac{3}{8}$である。B, Cにおける外接円の

接線の交点をPとするとき、

PO, PBを求めよ。（Oは外心である。）

◀ 〈연습문제〉로 실력 다지기

쉬운 문제부터 어려운 문제까지 기출문제를 응용하여 만들어진 다양한 형태의 문제를 풀어 봄으로써 실전 감각을 넉넉하게 채울 수 있습니다. 틀리지 않고 풀 수 있을 때까지 연습하는 것이 핵심!

도전! 기출문제

日本学生支援機構「平成28年度日本留学試験(第2回)」「数学1-Ⅲ」(凡人社)

5-1 (1) 次の問いに答えなさい。

（ⅰ）aを整数とする。aを5で割ると4余る。このとき、aは

$$a = \boxed{A}\,k + \boxed{B}\quad(k\text{は整数})$$

と表される。したがって、a^2を5で割ると余りは $\boxed{C}$ である。

（ⅱ）3進法の3桁で表される数 $120_{(3)}$を10進法で表すと $\boxed{DE}$ である。

また、3進法の3桁で表される最大の自然数を10進法で表すと $\boxed{FG}$

であり、最小の自然数を10進法で表すと $\boxed{H}$ である。

(2) 次の文中の $\boxed{I}$ 、$\boxed{J}$ には、下の ⓪〜③の中から適するものを選びなさ

▶ 〈도전! 기출문제〉로 실전에 대비

기출문제를 풀어 봄으로써 학습 후 자신의 실력을 본시험에 견주어 점검할 수 있습니다. 틀린 부분은 본문의 학습으로 되돌아가서 확실하게 익혀 둡시다.

数学－6

Ⅱ

問1

• 方程式 $||x-1|-2|=3$ の解は $x=\boxed{A}$, $\boxed{BC}$ である。

• 2つの不等式 $|x-a|\leqq 2a+3$ ……①

$\qquad\qquad |x-2a|>4a-4$ ……②について

(1) 不等式①を満たす実数 xが存在するような定数 aの範囲を求めよう。

$-(\boxed{D}\,a+\boxed{E})\leqq x-a\leqq\boxed{F}\,a+\boxed{G}$ より

$\boxed{HI}\,a-\boxed{J}\leqq x\leqq\boxed{K}\,a+\boxed{L}$ これを満たす xが存在するための条件は

$\boxed{HI}\,a-\boxed{J}\leqq\boxed{K}\,a+\boxed{L}$ ……③より

$a\geqq\dfrac{\boxed{MN}}{\boxed{O}}$

(2) 不等式①と②を同時に満たす実数 xが存在するような

◀ 〈모의시험〉으로 최종 점검

실제 시험 시간과 똑같은 시간 안에 풀어 보는 것이 중요합니다. 그러면 자신의 약점이 더욱 명확하게 드러납니다. 마지막으로 약점 보완에 신경 쓴다면 합격에 더욱 가까워집니다.

모의시험

(1) AD가 ∠A의 이등분선이므로

$BD:DC=AB:AC=5:3$

이 때 $BC:CD=(BD+CD):CD=8:3$

메넬라우스의 정리를 이용해서

$\dfrac{BC}{CD}\cdot\dfrac{DE}{EA}\cdot\dfrac{AF}{FB}=1$에 적용하면

$\dfrac{8}{3}\cdot\dfrac{1}{2}\cdot\dfrac{AF}{FB}=1$에 의해 $AF:FB=3:4$

*메넬라우스의 정리는 출제된 적이 없고, 본문에서도 다루지 않았다.
이 문제의 (1) $AF:FB$도 (2)의 점 G를 사용하면 풀 수 있지만, 참고로 다음 페이지에 소개해 둔다.

(2) $\triangle AGD$에서 $AF:FG=AE:ED=2:1$

$\triangle FBD$에서 $FG:GB=CD:BD=3:5$

$AF:FG=6:3$으로 하여

$AF:FG:GB=6:3:5$

(이 결과를 사용하면 (1)의 $AF:FB=AF:(FG+GB)=6:8=3:4$)

▶ 자세한 〈문제 풀이와 해답〉

이 책에 실린 모든 문제는 자세한 문제 풀이와 해답이 있습니다. 문제를 일본어로 다루었으므로, 완벽한 이해를 돕기 위해 해설은 한글로 제공합니다.

☑ EJU 시험 정보

● 일본유학시험 실시 목적

외국인 유학생으로 일본의 대학(학부) 등에 입학을 희망하는 이의 일본어능력 및 기초 학력 평가를 목적으로 합니다.

● 과목 구성

수험자는 지원 대학 등에서 지정하고 있는 과목에 근거하여, 아래의 과목 중에서 선택하여 응시합니다. 단, 이과와 종합과목을 동시에 선택할 수 없습니다.

과 목	목적	해답시간	득점범위
일본어 과목	일본의 대학 등에서 면학할 수 있는 일본어능력 (아카데믹 재패니즈)을 측정	125분	[독해], [청독해/청해] 0~400점 [기술(記述)] 0~50점
이과	일본 대학 등의 자연계 학부에서의 면학에 필요한 이과(물리·화학·생물)의 기초적인 학력을 측정	80분	0~200점
종합 과목	일본의 대학 등에서 면학에 필요한 인문계의 기초적인 학력, 특히 사고력, 논리적 능력을 측정	80분	0~200점
수학	일본 대학 등에서의 면학에 필요한 수학의 기초적인 학력을 측정	80분	0~200점

※ 위의 각 과목은 공통의 척도에 의거하여 채점됩니다. (득점등화[得点等化] 방식) (일본어 과목의 기술 영역은 제외)

● [일본어과목] 구성

❶ 구성　[기술(記述)], [독해], [청독해/청해]의 3영역으로 구성됩니다.

❷ 순서/시간　기술(記述)(30분) ➡ 독해(40분) ➡ 청해 ➡ 청해(청독해와 청해가 연속으로 약 55분간 실시)의 순서로 실시됩니다.

❸ 득점범위　[기술(記述)]은 0~50점의 범위로 별도로 표시되며, [독해] 0~200점, [청독해/청해] 0~200점으로 합계 0~400점으로 표시됩니다.

● [이과] 구성

이과에는 물리·화학·생물 3과목이 있습니다.
수험자는 지원 대학에서 지정하는 바에 근거하여, 시험 당일 답안지 상에 3과목 중에서 2과목을 선택해야 합니다.

📍 [종합과목] 구성

정치 · 경제 · 사회를 중심으로 하여 지리와 역사에서 종합적으로 출제됩니다. 유학생이 일본의 대학 등에서 면학에 필요한 현대 일본의 기초지식을 가지고, 근현대 국제사회의 기본적인 문제에 대해 논리적으로 사고하고 판단하는 능력이 있는지를 측정합니다.

📍 [수학] 구성

수학에는 코스 1(인문계 학부 및 수학의 필요성이 비교적 적은 자연계 학부용), 코스 2(수학을 고도로 필요로 하는 학부용)의 2종류가 있습니다. 수험자는 수험희망대학의 지정에 근거하여, 시험 당일 답안지 상에 둘 중 한 가지를 선택해야 합니다.

📍 출제 언어

일본유학시험은 2개 언어(일본어 및 영어)로 문제가 출제됩니다(일본어 과목은 일본어로만 출제됨). 또한 문제지는 일본어와 영어가 각각 다른 용지이므로, 수험자는 지원 대학에서 지정하는 언어에 근거하여, 원서작성 시 원서 상에 둘 중 한 가지를 선택하여 표기해야 합니다.

📍 답안지 종류

일본어 과목의 답안지는 〈객관식〉 및 〈서술식〉 2종류이며, 이과, 종합과목, 수학은 모두 〈객관식〉 답안지에 답안 작성을 하도록 되어 있습니다.

※ 〈객관식〉 : 다지선다형 마크시트 방식 / 〈서술식〉 : 문장을 직접 작성하는 방식

📍 시험 시간 / 해답 시간 / 지각 한도

시험 시간: 시험에 관한 여러 가지 안내 시간, 문제지 · 답안지 배부 시간, 문제를 풀고 해답을 하는 시간을 모두 포함한 시간입니다.
해답 시간: 문제를 풀고 해답을 하는 시간만을 말합니다.
지각 한도: 이 시간부터는 고사실 입실이 금지되므로, 수험자는 이 점에 주의해야 합니다.

교시	과목	시험시간	해답시간	지각한도
1교시 (오전)	일본어 과목	9:30∼12:00 경	9:55∼12:00 경 (약125분)	9:40
2교시 (오후)	이과 (이과) 종합과목(문과)	1:30∼3:00	1:40∼3:00 (80분)	1:50
3교시 (오후)	수학	3:40∼5:10	3:50∼5:10 (80분)	4:00

※ 이과, 종합과목, 수학과목은 지각 한도 시간 10분 전부터 해답이 개시되므로, 수험자는 반드시 시험 시간(1:30, 3:40)까지 입실을 완료해야 합니다.

목 차

실력을 키우는 저자 메모 ✏️

계산은 서두르지 마세요. 식을 전개할 때는 한줄 한
줄 정성껏 적어 봅시다. 답을 틀렸을 때는 처음부터
다시 계산하지 말고, 자신이 정성껏 적은 계산을 처
음부터 되짚으며 어디가 잘못되었는지 찾아봅시다.
틀린 부분을 잡아낸다면 같은 실수를 다시는 하지
않게 됩니다.

1 수와 집합(数と集合)

1 실수〔実数〕

★ 분모의 유리화〔分母の有理化〕

$$\frac{a}{\sqrt{b}} = \frac{a\sqrt{b}}{\sqrt{b}\sqrt{b}} = \frac{a\sqrt{b}}{b} \;(\text{数値によっては}\; \frac{6}{\sqrt{3}} = \frac{3\cdot 2}{\sqrt{3}} = \frac{\sqrt{3}\,\sqrt{3}\cdot 2}{\sqrt{3}} = 2\sqrt{3}\,)$$

$$\frac{c}{\sqrt{a}+\sqrt{b}} = \frac{c(\sqrt{a}-\sqrt{b})}{(\sqrt{a}+\sqrt{b})(\sqrt{a}-\sqrt{b})} = \frac{c(\sqrt{a}-\sqrt{b})}{a-b}$$

♀ 예제 1–1

$x = \dfrac{\sqrt{7}-\sqrt{6}}{\sqrt{7}+\sqrt{6}}$、$y = \dfrac{\sqrt{7}+\sqrt{6}}{\sqrt{7}-\sqrt{6}}$ のとき、$x+y, xy$ の値を求めよ。

풀이 $x = \dfrac{(\sqrt{7}-\sqrt{6})^2}{(\sqrt{7}+\sqrt{6})(\sqrt{7}-\sqrt{6})} = 7 - 2\sqrt{42} + 6 = 13 - 2\sqrt{42}$

同様に $y = 13 + 2\sqrt{42}$

したがって $x+y = 26, xy = 1$

A⁺ 연습문제 1–1

(1) $\dfrac{21}{\sqrt{7}+5}$

(2) $\dfrac{58}{3\sqrt{5}+4}$

(3) $x = \sqrt{2}+\sqrt{5}+\sqrt{7}$、$y = \sqrt{2}+\sqrt{5}-\sqrt{7}$ のとき、xy、$\dfrac{x}{y}$ の値を求めよ。

(4) $P = 6ab - 9a - 4b + 6$ とする。

$a = \dfrac{\sqrt{6}}{3}$、$P = \sqrt{3} - \sqrt{2}$ のとき、b の値を求めよ。

(5) $x^2 + ax + b = 0$ の解の1つが $x = \dfrac{\sqrt{7}+5}{\sqrt{7}+2}$ であるとき、a、b の値を求めよ。

12

a, b가 실수일 때 $a^2+b^2=0 \Longleftrightarrow a=b=0$

a, b가 유리수일 때 $a+b\sqrt{2}=0 \Longleftrightarrow a=b=0$

※ 둘 다 ⟵는 자명하고, ⟶는 $b \neq 0$이라고 가정하면 있을 수 없는 일($a^2 < 0$, 유리수=무리수)이 되므로, 가정이 틀림.

$b=0$ 따라서 $a=0$

● 예제 1-2

(1) $x^2+y^2+6x-2y+10=0$을 満たす실수 x, y를 求めよ.

(2) $(4-\sqrt{3})(x+2\sqrt{3})=6+y\sqrt{3}$가 成り立つとき、유리수 x, y를 求めよ.

풀이 (1) $x^2+6x+9+y^2-2y+1=0$ (10을 9와 1로 分ける)

$(x+3)^2+(y-1)^2=0$, $x+3=0 \to x=-3$, $y-1=0 \to y=1$

(2) $4x+8\sqrt{3}-\sqrt{3}x-6=6+y\sqrt{3}$

$4(x-3)+(8-x-y)\sqrt{3}=0$

$4(x-3)=0$より $x=3$, $8-x-y=0$より $y=5$

연습문제 1-2

(1) a를 유리수라 하자. $x=1-\sqrt{2}$에 대하여

$P=x^2+2(a-3)x-8a+6$이 유리수가 될 때

a의 값과、그때의 P의 값을 求めよ.

(2) a, x, y를 유리수라 하자.

$\dfrac{\sqrt{5}+\sqrt{2}\,a}{\sqrt{5}+\sqrt{2}}=x+\sqrt{10}\,y$가 成り立つとき、$x, y$를 a로 표せ.

(3) m, n을 정수라 하자.

$m+n+mn\sqrt{2}=11+30\sqrt{2}$가 成り立つとき

m, n의 값을 求めよ. 단、$m > n$이라 하자.

★ 무리수의 정수 부분·소수 부분 [無理数の整数部分・小数部分]

[예] $\sqrt{28}$　　$25 < 28 < 36$

$\sqrt{25} < \sqrt{28} < \sqrt{36}$

$5 < \sqrt{28} < 6$이므로

$\sqrt{28}$의 정수 부분: 5, 소수 부분: $\sqrt{28} - 5$

($2\sqrt{7}$로 생각하면 $4 < 2\sqrt{7} < 6$이 되고 만다.)

● 예제 1-3

(1) $\sqrt{11}$ の小数部分を c とするとき $\dfrac{1}{c} - \dfrac{c}{2}$ の値を求めよ。

(2) $\dfrac{9+\sqrt{15}}{4}$ と $\dfrac{3+\sqrt{13}}{2}$ の大小を調べよ。

풀이 (1) $3 < \sqrt{11} < 4$ より、整数部分は 3、小数部分は $c = \sqrt{11} - 3$

$$\dfrac{1}{c} - \dfrac{c}{2} = \dfrac{1}{\sqrt{11} - 3} - \dfrac{\sqrt{11} - 3}{2}$$

$$= \dfrac{\sqrt{11} + 3}{(\sqrt{11} - 3)(\sqrt{11} + 3)} - \dfrac{\sqrt{11} - 3}{2}$$

$$= \dfrac{\sqrt{11} + 3}{2} - \dfrac{\sqrt{11} - 3}{2} = 3$$

(2) $\dfrac{9+\sqrt{15}}{4}$ と $\dfrac{6+2\sqrt{13}}{4}$

▌다른 풀이

分子 -6	$3+\sqrt{15}$ と $2\sqrt{13}$	$\longrightarrow$ $3 < \sqrt{15} < 4$ より	$2\sqrt{13} = \sqrt{52}$
平方	$9+6\sqrt{15}+15$ と 52	$6 < 3+\sqrt{15} < 7$	$7 < \sqrt{52} < 8$
-24	$6\sqrt{15}$ と 28	したがって $3+\sqrt{15} < 2\sqrt{13}$	
$\div 2$	$3\sqrt{15}$ と 14		
平方	$135 < 196$	$\longrightarrow$ したがって $\dfrac{9+\sqrt{15}}{4} < \dfrac{3+\sqrt{13}}{2}$	

(1) $5-\sqrt{5}$ の整数部分、小数部分を求めよ。

(2) $p>\sqrt{5}-2$ を満たす最小の整数 p を求めよ。

(3) $\dfrac{5+4\sqrt{3}}{5}$ より大きい整数の中で、最も小さいものを求めよ。

★ 정수, 자연수, 소수〔整数, 自然数, 素数〕

📍 예제 1-4 ─────────────

$P=6ab+9a-4b-6=19$ を満たす整数 a, b の組を求めよ。

📐 풀이 $P=(3a-2)(2b+3)$ (연습1-7 (1)② 참조)

$\begin{cases}3a-2=1\\2b+3=19\end{cases}$ より $(a,b)=(1,8)$ $\qquad$ $\begin{cases}3a-2=19\\2b+3=1\end{cases}$ より $(a,b)=(7,-1)$

$\begin{cases}3a-2=-1\\2b+3=-19\end{cases}$ 及び $\begin{cases}3a-2=-19\\2b+3=-1\end{cases}$ は整数解を持たない。

A⁺ **연습문제 1-4**

(1) $P=x^2+2(a-3)x-8a+8$ の値が素数になるような自然数 x, a をみつけよう。

$\quad$ ① x の値を求めよ。

$\quad$ ② a の中で最小のものと、そのときの P の値を求めよ。

(2) x, y を自然数とする。

$\quad$ ① $x^2+11=y^2$ であるとき、x, y を求めよ。

$\quad$ ② $x^3+37=y^3$ であるとき、x, y を求めよ。

(3) p を素数、x, y を自然数とする。

$\quad$ $\dfrac{p}{x}+\dfrac{5}{y}=p$ を満たす p, x, y の組をすべて求めよ。

2 집합과 명제 (集合と命題)

★ 집합 (集合)

- A^C, $A \cap B$, $A \cup B$ の日本語での表現はそれぞれ
  $\overline{A}$,「A かつ B」,「A または B」である。

- 数直線表示は次のようにする。$1 < x$  , $1 \leqq x$

📍 예제 1-5

$A = \{x \mid 2 < x < 7\}$, $B = \{x \mid x^2 < 1\}$, $C = \{x \mid (x+3)(x-5) < 0\}$ とする。

① $A \cup B$、② $\overline{A \cup B} \cap C$ を求めよ。

풀이 ① $B = \{x \mid -1 < x < 1\}$ であり、A, B を数直線上に表すと

しがって $A \cup B = \{x \mid -1 < x < 1$ または $2 < x < 7\}$

② $C = \{x \mid -3 < x < 5\}$ であり、各集合を数直線上に表すと

しがって $\overline{A \cup B} \cap C = \{x \mid -3 < x \leqq -1, 1 \leqq x \leqq 2\}$

🅰⁺ 연습문제 1-5

(1) $A = \{x \mid x \leqq -3$ または $4 \leqq x\}$, $B = \{x \mid a+2 \leqq x \leqq 3a\}$ とする(ただし $B \neq \varnothing$)

   $x \in A$ であることが $x \in B$ であるための必要条件であるとき

   a の値の範囲を求めよ。

(2) $A = \{3m \mid m$ は自然数$\}$、$B = \{5m \mid m$ は自然数$\}$,

   $C = \{1 \leqq m \leqq 100$ を満たす自然数$\}$ とする。次の集合の要素の個数求めよ。

   ① $(\overline{A} \cup \overline{B}) \cap C$

   ② $\overline{A} \cap \overline{B} \cap C$

'p(가정)이라면 q(결과)이다'라는 명제가 참일 때, p를 'q이기 위한 충분조건', q를 'p이기 위한 필요조건'이라고 한다.

'$p \to q$'가 참이라고 할 수 있는 것은 p가 속한 집합을 P, q가 속한 집합을 Q라고 하여, $P \subset Q$의 관계가 있을 때뿐이다.(명제의 참·거짓은 집합의 포함 관계로 판단할 수 있다.)

♦ 예제 1-6

( ) 内にあてはまるものを 0~3の番号で答えよ。

> 0 : 必要十分条件である。
>
> 1 : 必要条件であるが、十分条件ではない。
>
> 2 : 十分条件であるが、必要条件ではない。
>
> 3 : 必要条件でも十分条件でもない。

(1) $a+b>0$ であることは、$a>0$ かつ $b>0$ であるための ( )。

(2) $a^2=b^2$ であることは、$|a|=|b|$ であるための ( )。

(3) $a^2-ab+b^2=0$ であることは、$ab=0$ であるための ( )。

(4) $a^2 \geqq 1$ であることは、$a \geqq 0$ であるための ( )。

(5) $|x-1| \leqq 2$ であることは、$x^2-2x-3 \leqq 0$ であるための ( )。

(6) $a^2=b^2$ であることは、$a+b=0$ であるための ( )。

(7) $b \neq 0$ のとき、$a \geqq b$ かつ $a \geqq -b$ であることは、

　　$a \geqq 0$ であるための ( )。

(8) $x>1$ であることは、$\dfrac{1}{x}<1$ であるための ( )。

(9) $a^2-ab+b^2>0$ であることは、$|a|+|b|>0$ であるための ( )。

(10) $x \neq 0$ であることは、$|x|+|y|>x+y$ であるための ( )。

(11) $\sqrt{\dfrac{b}{a}}=2$ であることは、$b=4a$ であるための ( )。

(1) 1. —✕→ 反例：$a=2, b=-1$

(2) 0.

(3) 2. ←✕— 反例：$a=1, b=0$

(4) 3. —✕→ 反例：$a=-1$, ←✕— 反例：$a=\dfrac{1}{2}$

(5) 0.（ともに $-1 \leq x \leq 3$）

(6) 1. —✕→ 反例：$a=b \neq 0$

(7) 2. ←✕— 反例：$a=1, b=2$

(8) 2. ←✕— 反例：$x=-1$ 　　　$\dfrac{1}{x}<1$ の両辺に x^2 をかけると

　　　　　　　　　　　　　　　$x<x^2 \longrightarrow x(x-1)>0$ より $x<0$ または $1<x$

(9) 0.（ともに $a \neq 0$ または $b \neq 0$）

(10) 3. —✕→ 反例：$x=1, y=0$, ←✕— 反例：$x=y=-1$

(11) 2. ←✕— 反例：$a=b=0$

A⁺ 연습문제 1-6

(1) $A=\{6n \,|\, n$は自然数$\}$、$B=\{8n \,|\, n$は自然数$\}$とする。

〈예제1−6〉과 같이 答えよ。（연습1−5(2)참조）

❶ $n \in A$であることは、n が 3 で割り切れるための（　　　　　）。

❷ $n \in B$であることは、n が 16 で割り切れるための（　　　　　）。

❸ $n \in A \cup B$であることは、n が 4 で割り切れるための（　　　　　）。

❹ $n \in A \cap B$であることは、n が 24 で割り切れるための（　　　　　）。

(2) a, b, kを実数として次の不等式を考える。

$$a^2+b^2 \leq 20k-4k^2 \cdots\cdots ①$$

ⅰ）$a=b=0$のとき、①が成り立つkの値の範囲を求めよ。

ⅱ）$k>0$とする。$a=b=0$であることが、①が成り立つための必要十分条件となる

のは、$k=\boxed{}$のときである。

ⅲ）$a=b=0$であることが、①が成り立つための十分条件であって、必要条件でな

いような整数kの最大値は $\boxed{}$ である。

2 식의 계산(式の計算)

1 식의 전개와 인수분해(式の展開と因数分解)

예제 1-7

(1) $x=y+z$ ならば、 $x^3=y^3+z^3+\boxed{}xyz$

(2) 次の式を展開せよ。

   ① $(x+1)(x+2)(x+3)(x+4)$

   ② $(a^2+a+1)(a^2-a-1)$

풀이 (1) $x^3=(y+z)^3$

$\qquad\quad =y^3+z^3+3yz(y+z)\qquad y+z=x$ だから

$\qquad\quad =y^3+z^3+3xyz$

$\quad$ (2) ① $(x+1)(x+4)(x+2)(x+3)=(x^2+5x+4)(x^2+5x+6)$

$\qquad\qquad x^2+5x=A$ とおく $\qquad =(A+4)(A+6)$

$\qquad\qquad\qquad\qquad\qquad\qquad =A^2+10A+24$

$\qquad\qquad A$ を元にもどす $\qquad =(x^2+5x)^2+10(x^2+5x)+24$

$\qquad\qquad\qquad\qquad\qquad\qquad =x^4+10x^3+35x^2+50x+24$

$\qquad$ ② $\{a^2+(a+1)\}\{a^2-(a+1)\}$

$\qquad\quad =(a^2)^2-(a+1)^2$

$\qquad\quad =a^4-a^2-2a-1$

(1) 次の各式を因数分解せよ。

① $(x+1)(x+2)(x-3)(x-6)+3x^2$

② $6xy-9x+4y-6$

③ a^4-10a^2+9

④ $(a-1)^2(b+5)+(2a-5)(b+4)-(a-1)^2$

⑤ $ab^2-ab-b+1$

⑥ $x^2-(2a-3)x-6a$

⑦ $x^2+2(2a+1)x-8a-8$

⑧ $10a^2+35ab-21bc-6ca$

⑨ x^3+4x-5

⑩ x^4+2x^2+9

⑪ $a^3+b^3+c^3-3abc$

(2) xの2次方程式

$x^2+3(a-2)x-5a+b+14=0$が

一つの解として1を持つとき、bと他の解をaを用いて表せ。

★ 기타 식 계산, 기본 대칭식[$x+y$, xy] 등[その他の式計算、基本対称式等]

$x^2+y^2=(x+y)^2-2xy$

$x^3+y^3=(x+y)^3-3xy(x+y)$のように

少し複雑な式を基本対称式だけで表す場合がある。

📍 예제 **1-8**

$x+y=10$, $xy=2$ であるとき

$2x^2+7xy+2y^2$ の値を求めよ。

풀이 $2x^2+4xy+2y^2+3xy$

$=2(x+y)^2+3\cdot xy$

$=2\cdot10^2+3\cdot2$

$=206$

🅰 연습문제 1-8

(1) $3x^2+xy+3y^2=10$ で、$x+y=a$, $xy=b$ とおくとき、b を a の式で表せ。

(2) 〈예제1-6〉と同じ形で答えよ。

実数 x, y が 　　$a : x+y=3$, $xy=1$

　　　　　　　　　$b : x+y=3$, $x^2+y^2=7$

　　　　　　　　　$c : x^2+y^2=7$, $xy=1$ を満たすとき、

① a は b であるための(　　　　　　　　　)。

② b は c であるための(　　　　　　　　　)。

③ c は a であるための(　　　　　　　　　)。

(3) $P=8x^3-30x^2y+12xy^2-y^3$ は

$P=(\boxed{A}x-y)^3-\boxed{B}xy(\boxed{C}x-y)$ と変形できる。

(4) $x=3+\sqrt{5}$ であるとき、

$P=x^4-6x^3+5x^2-6x+7$ の値を求めよ。

(5) $x^2-6ax+6bx+a^2+b^2-34ab=0$ の解の一つは

$x=(\boxed{A}+\boxed{B}\sqrt{\boxed{C}})a-(\boxed{D}-\boxed{E}\sqrt{\boxed{F}})b$ である。

(6) $\dfrac{x+y}{3}=\dfrac{y+z}{4}=\dfrac{z+x}{5}$ であるとき、$\dfrac{2x-y+3z}{x+y+z}$ の値を求めよ。

2 절댓값과 방정식 · 부등식 [絶対値と方程式·不等式]

- $\begin{cases} |3|=3 \\ |-5|=5 \end{cases}$ $|a|=\begin{cases} a\,(0\leqq a) \\ -a\,(a<0) \end{cases}$ $\Big/$ $\begin{array}{c} \sqrt{3^2}=3 \\ \sqrt{(-5)^2}=5 \end{array}$ $\sqrt{a^2}=\begin{cases} a\,(0\leqq a) \\ -a\,(a<0) \end{cases}$ $\longrightarrow$ $\sqrt{a^2}=|a|$

- $|-a|=|a|$ $\longrightarrow$ $|y-x|=|x-y|$

- 절댓값 기호를 뗄 때는, 떼는 조건을 잊지 말자!

♥ 예제 1-9

次の方程式・不等式を解け。

(1) $\sqrt{9x^2}-\sqrt{x^2-2x+1}=7$

(2) $|x-2|\geqq 5$

풀이 (1) $\sqrt{9x^2}-\sqrt{x^2-2x+1}=\sqrt{(3x)^2}-\sqrt{(x-1)^2}$

$$=|3x|-|x-1|$$

$a<0$ のとき、$-3x-\{-(x-1)\}=-2x-1=7$ より $x=-4$ (○)

$0\leqq a<1$ のとき、$3x-\{-(x-1)\}=4x-1=7$ より $x=2$ (条件に合わない。)

$1\leqq a$ のとき、$3x-(x-1)=2x+1=7$ より $x=3$ (○)

(2) $x-2\leqq -5$ より $x\leqq -3$

$x-2\geqq 5$ より $x\geqq 7$ したがって $x\leqq -3,\ 7\leqq x$ (「絶対値と数だけ」のときは 場合分け不要)

A⁺ 연습문제 1-9

(1) 次の方程式・不等式を解け。

① $|\mp\sqrt{1-5a}|\geqq 3$

② $(x-1)^2=|2x-3|$

③ $|x+3a|<2a+1$ が

解を持つための条件を求めて、この不等式を解け。

④ $|x^2-5x+6|-|x-2|=3$

(2) rを実数として二つの不等式を考える。

$|x-2|>1 \cdots$①

$r(x-r^2+3r-3)>x-1 \cdots$②

①の解は $x<\boxed{A}$, $\boxed{B}<x$

②を満たすすべてのxが①を満たすようなrの値の範囲を求めよう。

②を書き直すと $(r-\boxed{C})x>(r-\boxed{D})^{\boxed{E}}$ となる。

したがって、求めるrの値の範囲は $\boxed{F}+\sqrt{\boxed{G}} \leqq r, \boxed{H} \leqq r<\boxed{I}$

(3) $y=|x|+|x-2|$ のグラフをかけ。

★ 상가 평균 · 상승 평균〔相加平均・相乗平均〕

※ 이 항목은 엄밀히 따지면 수학1의 범위 밖이지만, 출제된 적이 있는 항목임.

$a>0$, $b>0$のとき $\dfrac{a+b}{2} \geqq \sqrt{ab}$　　$\because (\sqrt{a}-\sqrt{b})^2 \geqq 0$

　　（等号は$a=b$のとき）　　　$a-2\sqrt{a}\sqrt{b}+b \geqq 0$より導かれる。

　　　　　　　　　　　　　　　$a+b \geqq 2\sqrt{ab}$ の形でも使える。

♀ 예제 1-10

$x>0$のとき、$\dfrac{x}{2}+\dfrac{4}{x}$ の最小値と、そのときのxの値を求めよ。

풀이 $\dfrac{x}{2}+\dfrac{4}{x} \geqq 2\sqrt{\dfrac{x}{2} \cdot \dfrac{4}{x}}=2\sqrt{2}$ が最小値

$\dfrac{x}{2}=\dfrac{4}{x}$ より $x^2=8$, $x=\pm 2\sqrt{2}$　$x>0$だから、$x=2\sqrt{2}$

★ x에 관한 항등식 (xについての恒等式)

※ 모든 x에 대해 성립하는 식.

예제 1-11

$(a+3b+5c)x^2+(3b+4c)x+b+c=1$ が

すべての x について成り立つとき、a,b,c の値を求めよ。

풀이1 すべての x について成り立つから(計算しやすい数値、例えば)

$x=0$ を代入して　$b+c=1$

$x=1$ を代入して　$(a+3b+5c)+(3b+4c)+b+c=1$

$x=-1$ を代入して $(a+3b+5c)-(3b+4c)+b+c=1$

連立方程式を解いて　$a=3$, $b=4$, $c=-3$

풀이2 $(a+3b+5c)x^2+(3b+4c)x+b+c-1=0$ として、各項の係数、定数項を0とする。

$(0\cdot x^2+0\cdot x+0=0$ は、すべての x について成り立つ)

$\begin{cases} a+3b+5c=0 \\ 3b+4c=0 \\ b+c-1=0 \end{cases}$　これを解いても同じ結果が得られる。

★ 이항정리(二項定理)

※〈2013년 1회 Ⅱ問1〉에 출제된 적이 있다.

「$P=(3x+4y+1)^5$ の展開を考える。… $P=\{(3x+1)+4y\}^5$ に注意して二項定理を用いる。」

二項定理：$(a+b)^n={}_nC_0\,a^n+{}_nC_1\,a^{n-1}b+\cdots+{}_nC_r\,a^{n-r}b^r+\cdots+{}_nC_{n-1}\,ab^{n-1}+{}_nC_n\,b^n$

であるが、パスカルの三角形で代用できる。係数だけ並べると、

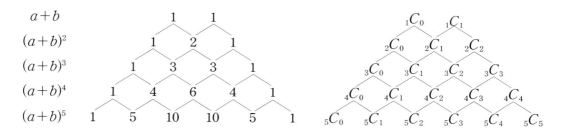

日本学生支援機構「平成26年度日本留学試験(第2回)」「数学1-Ⅲ」(凡人社)

1-1

次の問題文中の $\boxed{A}$ ~ $\boxed{D}$ にはそれぞれ、各設問の下の⓪～⑤の中から適するものを選びなさい。

3つの2次不等式

$$x^2+3x-18<0 \quad \cdots\cdots ①$$

$$x^2-2x-8>0 \quad \cdots\cdots ②$$

$$x^2+ax+b<0 \quad \cdots\cdots ③$$

を考える。

(1) 不等式①と不等式②の両方を満たす x の範囲は $\boxed{A}$ である。

また、①、②のどちらの不等式も満たさない x の範囲は $\boxed{B}$ である。

⓪ $3 \leqq x \leqq 4$　　　① $-6 \leqq x \leqq -2$　　　② $3 < x < 4$

③ $2 < x < 6$　　　④ $-6 < x < -2$　　　⑤ $-4 \leqq x \leqq -3$

(2) 不等式①と不等式③の少なくとも一方を満たす x の範囲が $-6 < x < 7$ となるのは、$a,\,b$ が等式 $\boxed{C}$ を満たし、a が不等式 $\boxed{D}$ を満たすときである。

⓪ $b=6a-36$　　　① $b=7a-49$　　　② $b=-7a-49$

③ $-10 < a \leqq -3$　　　④ $-10 < a \leqq -1$　　　⑤ $-1 \leqq a < 3$

1-2

$15x^2 - 2xy - 8y^2 - 11x + 22y + a$ が x, y の 1 次式の積に因数分解できるような a の値を求めよう。

上の式の x, y に関する 2 次の項の部分は

$$15x^2 - 2xy - 8y^2 = (\boxed{A}\,x - \boxed{B}\,y)(\boxed{C}\,x + \boxed{D}\,y)$$

と因数分解される。

したがって

$$15x^2 - 2xy - 8y^2 - 11x + 22y + a$$
$$= (\boxed{A}\,x - \boxed{B}\,y + b)(\boxed{C}\,x + \boxed{D}\,y + c) \cdots\cdots ①$$

とおくとき、等式①の右辺は

$$15x^2 - 2xy - 8y^2 + (\boxed{E}\,b + \boxed{F}\,c)x + (\boxed{G}\,b - \boxed{H}\,c)y + bc$$

と展開できる。この式の係数と等式①の左辺の係数を比較すると

$$b = \boxed{I}, \quad c = -\boxed{J}$$

であり、$a = -\boxed{KL}$ が得られる。

1-3

$0<x<\dfrac{1}{2}$ とする。このとき、等式

$$4x+\frac{1}{x}-\frac{1}{2}\sqrt{\left(x+\frac{1}{4x}\right)^2-1}=4 \ \cdots\cdots ①$$

を満たす x の値を求めよう。

①の $\sqrt{}$ 内を平方の形に直し、$0<x<\dfrac{1}{2}$ に注意して左辺を変形すると

$$①の左辺=\frac{\boxed{\text{O}}\,x}{\boxed{\text{P}}}+\frac{\boxed{\text{Q}}}{\boxed{\text{R}}\,x}$$

となる。したがって、①から 2 次方程式

$$\boxed{\text{ST}}\,x^2-\boxed{\text{UV}}\,x+\boxed{\text{W}}=0$$

が得られる。この方程式の解のうち、$0<x<\dfrac{1}{2}$ を満たすのは

$$x=\frac{\boxed{\text{X}}}{\boxed{\text{YZ}}}$$

である。

1-4

a を定数とし、x の方程式

$$|ax-11|=4x-10 \quad \cdots\cdots \text{①}$$

を考える。

(1) 方程式①は、絶対値の記号を使わないで表すと

$$ax \geqq 11 \text{のとき、} (a-\boxed{\text{N}})x=\boxed{\text{O}}$$

$$ax < 11 \text{のとき、} (a+\boxed{\text{P}})x=\boxed{\text{QR}}$$

となる。

(2) $a=\sqrt{7}$ のとき、方程式①の解は

$$x=\frac{\boxed{\text{S}}(\boxed{\text{T}}-\sqrt{\boxed{\text{U}}})}{\boxed{\text{V}}}$$

である。

(3) 特に、a を正の整数とする。方程式①が正の整数解をもつとき、$a=\boxed{\text{W}}$ である。

また、そのときの正の整数解は $x=\boxed{\text{X}}$ である。

실력을 키우는 저자 메모 ✏️

함수란 '변화'를 생각하는 영역입니다. 그리고 이 '변화'를 시각적으로 파악하기 위한 수단이 바로 '그래프'입니다. 주어진 또는 자신이 구한 2차 함수의 식이 어떤 그래프가 되는지 직접 그려 보는 습관을 들이세요. 그러면 '변화'를 알아볼 수 있습니다. 아래의 예만 잘 알아 두면 거의 정확한 그래프를 그릴 수 있습니다.

. . . .

예 $y=x^2-4x=3$ $x=0$일 때 $y=3$ ➡ 점$(0, 3)$을 통과한다.(y축 교점)

$y=(x-1)(x-3)$ ➡ 점$(1, 0)$, $(3, 0)$을 통과한다.(x축 교점)

$y=(x-2)^2-1$ ➡ 정점은 $(2, -1)$ 축 $x=2$

★그래프를 그릴 때 x축, y축의 눈금은 되도록 등간격으로 그리면 좋습니다.

1 2차 함수와 그래프(2次関数とそのグラフ)

1 2차 함수의 값의 변화(2次関数の値の変化)

★ 정점 변형(頂点変形)

'정점 변형'은 필자가 임의로 붙여 본 이름이다. $y=ax^2+bx+c$ 처럼 일반적인 형태로 주어진 2차 함수의 식을 정점·축을 알 수 있도록 변형시키는 것은 매우 중요하다. 다음에 제시하는 수순을 익혀 확실하게 연습하자.

$$y=ax^2+bx+c=a\left\{x^2+\frac{b}{a}x+\left(\frac{b}{2a}\right)^2-\left(\frac{b}{2a}\right)^2\right\}+c$$

$$\times\frac{1}{2} \quad \text{평방}$$

$$=a\left(x+\frac{b}{2a}\right)^2-\frac{b^2}{4a}+c$$

$$\text{정점}\left(-\frac{b}{2a},\ -\frac{b^2}{4a}+c\right).\ \text{축}: x=-\frac{b}{2a}$$

♥ 예제 2-1

(1) $y=5x^2-4x$

(2) $y=x^2+3ax+b$

풀이 (1) $y=5\left(x^2-\frac{4}{5}x\right)=5\left(x^2-\frac{4}{5}x+\frac{4}{25}-\frac{4}{25}\right)$

$$=5\left(x-\frac{2}{5}\right)^2-\frac{4}{5} \quad 頂点\left(\frac{2}{5},\ -\frac{4}{5}\right)$$

(2) $y=x^2+3ax+\left(\frac{3}{2}a\right)^2-\left(\frac{3}{2}a\right)^2+b=\left(x+\frac{3}{2}a\right)^2+b-\frac{9}{4}a^2$

$$頂点\left(-\frac{3}{2}a,\ b-\frac{9}{4}a^2\right)$$

연습문제 2-1

(1) 次の 2次関数の式を頂点・軸が分かる形に変形せよ。

① $y=2x^2-4x+7$

32

② $y=x^2+\dfrac{1}{2}x+\dfrac{1}{4}$

③ $y=-\dfrac{1}{2}x^2+4x-6$

④ $y=x^2-2(a+2)x+10$

⑤ $y=-\dfrac{1}{6}x^2+bx+c$

⑥ $y=ax^2-4x-3a$　（問題文に「2次関数」とあるので $a\neq0$）

(2) $y=a(x^2-2x+1)+x$ $(a\neq0)$ のグラフの軸の方程式が $x=\dfrac{2}{3}$ であるとき a の値を求めよ。

(3) $y=-x^2-ax+1$ $(a>0)$ の最大値が2であるとき、a の値と軸の方程式を求めよ。

★ 평행이동〔平行移動〕

$y=ax^2+bx+c$ 를 x축 방향으로 p, y축 방향으로 q만큼 평행이동하면

$y-q=a(x-p)^2+b(x-p)+c$ 가 되는데, 정점이 어디로 이동하는지에도 주의하자.

(또한 평행이동에 의해 x^2의 계수 a가 변하는 일은 없다.)

♀ 예제 2-2

$y=2x^2+4x+4$ 를、x축 方向に3、y축 方向に b だけ平行移動して得られる放物線を C とする。C をグラフとする2次関数は $y=2(x-\boxed{A})^2+\boxed{B}+b$ である。

풀이 $y=2(x-3)^2+4(x-3)+4+b$

$\qquad =2x^2-8x+10+b$

$\qquad =2(x^2-4x+4-4)+10+b$

$\qquad =2(x-2)^2+2+b$　　$\boxed{A}$: 2, $\boxed{B}$: 2

또는

$y=2x^2+4x+2+2$

$\quad =2(x+1)^2+2$와 変形してから平行移動して

$y=2(x-3+1)^2+2+b$からも導ける。

(1) $y=-x^2-ax+4$ を x 軸方向に 3、y 軸方向に -2 平行移動したグラフが、点 $(5, -4)$ を通るとき、a の値を求めよ。

(2) $y=3x^2+2$ を平行移動して 2 点 $(4, 2)$, $(5, 11)$ を通るようにすると $y=\boxed{A}x^2-\boxed{BC}x+\boxed{DE}$ となるが、これは $y=3x^2+2$ を x 軸方向に $\boxed{F}$, y 軸方向に $\boxed{GH}$ だけ平行移動したものである。

(3) $y=2x^2-10x+14$ のグラフを平行移動して頂点が $(-1, 3)$ となるようにするには x 軸方向に $\dfrac{\boxed{AB}}{\boxed{C}}$, y 軸方向に $\dfrac{\boxed{D}}{\boxed{E}}$ だけ平行移動すればよい。

平行移動して得られる 2 次関数は $y=\boxed{F}x^2+\boxed{G}x+\boxed{H}$ である。

★ 대칭이동〔対称移動〕

함수 $y=f(x)$ 를 정점에 관해 대칭이동한 함수의 식이 $y=-f(-x)$ 가 되는 사실은 외워서 써먹으면 편리하다. 다만, 그 이외의 대칭이동은 ①정점이 어디로 이동하는가? ②굽은 방향(∩∪)은 변하는가 변하지 않는가를 시각적으로 생각하는 것이 안전하다.

♀ 예제 **2-3**

$y=x^2-4x+5$ 를 ①원점、②$x=-1$、③$y=3$ 에 관해서 대칭이동해서 얻어지는 그 래프의 식을 구하여라。

풀이 ① $y=-\{(-x)^2-4(-x)+5\}$
$\qquad = -x^2-4x-5$

② $y=(x-2)^2+1$ の頂点が
　　左へ $3 \times 2 = 6$ 移動するから
　　$y=(x-2+6)^2+1$
　　　$=(x+4)^2+1 \ (=x^2+8x+17)$

③ 頂点が上に $2 \times 2 = 4$ 移動し、

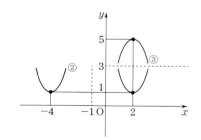

向きが変わるから $y = -(x-2)^2 + 1 + 4 = -(x-2)^2 + 5 \ (= -x^2 + 4x + 1)$

(1) $y = ax^2 - 2x - 2a \ (a \neq 0)$와 원점대칭인 곡선의 식을 구하여라.

(2) $y = 2a(x-a)^2 + 3a \ (a \neq 0) \cdots$ ①을 $y = 3a$에 관해 대칭이동한 곡선의 식을 구하여라.

★ 어느 점이 직선/곡선상에 있다. 직선/곡선이 어느 점을 통과한다.
〔ある点が直線/曲線上にある。直線/曲線がある点を通る。〕

※ 점의 x좌표, y좌표를 직선/곡선의 식의 x, y에 대입하기만 하면 됨.

♥ 예제 **2-4**

(1) $y = -x^2 + ax + 5$를 x축방향으로 2, y축방향으로 -3平行移動して得られる曲線が 点$(-3, -8)$を通るとき、aの値を求めよ。

(2) 点$(2a, a^2+b)$が直線$2x + y = 2$の上を動くとき、bをaの式で表せ。

풀이 (1) $y = -(x-2)^2 + a(x-2) + 5 - 3$に $x = -3$, $y = -8$を代入する。

$-(-3-2)^2 + a(-3-2) + 5 - 3 = -8$より $a = -3$

(2) $2 \cdot 2a + (a^2+b) = 2$より $b = -a^2 - 4a + 2$

(1) $y = 3x^2 - 2x$のグラフをy축방향으로bだけ平行移動して得られる放物線の頂点が直線 $y = bx + 2$上にあるとき、bの値を求めよ。

(2) $y = 2x^2 - 3$を平行移動して、2点$(2, 4)$, $(5, 10)$を通るようにするとき、このグラフ を表す2次関数を求めよ。

(3) 曲線$y = -x^2$上の点をA$(a, pa-1)$, B$(b, bp-1)$ $(a < 0 < b)$とするとき、a, bをpの 式で表せ。

★ 파라미터<매개변수> 표시〔パラメータ<媒介変数>表示〕

점 (X, Y)의 X, Y가 각각 a(매개변수)의 식으로 나타나 있을 때, 두 개의 식에서 a를 소거하면 X, Y의 관계(점 (X, Y)가 어떤 직선/곡선상에 있는지)를 알 수 있다.

♥ 예제 2-5

$y=x^2+2ax+2a^2+2a-3$ のグラフの頂点は a の値が変化するとき、曲線 $y=px^2+qx-r$ 上を動く。p, q, r を求めよ。

풀이 $y=(x+a)^2+a^2+2a-3$ と変形できるので、頂点の座標を (X, Y) とすると

$X=-a$ …①

$Y=a^2+2a-3$ …②

①より $a=-X$ を②に代入すると

$Y=(-X)^2+2(-X)-3$

　$=X^2-2X-3$　　　　　$p=1$, $q=-2$, $r=3$

A⁺ 연습문제 2-5

$y=-x^2+3kx+5$ のグラフの頂点は、k がどのような値をとってもつねに $y=ax^2+bx$ のグラフの上にあるという。a, b を求めよ。

★ 함수 값의 변화 – 증가·감소〔関数の値の変化 - 増加・減少〕

포물선의 그래프는 축을 경계로 감소→증가, 또는 증가→감소로 변화한다.

♥ 예제

2 次関数 $y=ax^2-bx+c$ のグラフは、2 点 $(-1, -3)$, $(2, 9)$ を通り、区間 $-1 \leq x \leq 2$ において x の値が増加するとともに y の値も増加するという。このとき、b, c を a の式で表し、a の値の範囲を求めよ。

풀이 $\begin{cases} a+b+c=-3 \\ 4a-2b+c=9 \end{cases}$ より $b=a-4$, $c=-2a+1$

増加するという条件から

軸：$x=\dfrac{b}{2a}=\dfrac{a-4}{2a}$ はこの区間内にないことが分かる。

$a>0$のとき $\qquad \dfrac{a-4}{2a}\leqq-1$ より $\qquad a<0$のとき $\qquad \dfrac{a-4}{2}\geqq2$ より

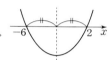 $\qquad a\leqq\dfrac{4}{3}$ $\qquad$ $\qquad a\geqq-\dfrac{4}{3}$

$\qquad\qquad\qquad\qquad\quad 0<a\leqq\dfrac{4}{3}$ $\qquad\qquad\qquad\qquad\qquad -\dfrac{4}{3}\leqq a<0$

★ 그래프의 대칭성〔グラフの対称性〕

포물선 그래프가 축에 대해 대칭이라는 사실을 이용할 수 있는 문제도 있다.

$y=(x+6)(x-2)$のグラフの軸は $\Rightarrow$ $\qquad$ $x=\dfrac{-6+2}{2}=-2$

📍 예제 2-6

$y=ax^2-bx+c$が$x=-1$と5で同じ値をとるとき、

bをaの式で表せ。

풀이 $y=a\left(x-\dfrac{b}{2a}\right)^2-\dfrac{b^2}{4a}+c$と変形して、軸は$x=\dfrac{b}{2a}$

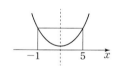

一方、グラフの対称性より、軸は$x=\dfrac{-1+5}{2}=2$

$\dfrac{b}{2a}=2$より $b=4a$

🅰 연습문제 2-6

2次関数$y=ax^2+bx+c$は、$x=2$のとき最大値18をとり、そのグラフはx軸と2点で交わり、その2点を結ぶ線分の長さ*は6であるという。

a, b, cの値を求めよ。

（*「放物線がx軸から切り取る線分の長さ」も同じ意味である）

2 2차 함수의 최대·최소 [2次関数の最大・最小]

정의역(x의 범위)에 한정이 없다면, 정점이 최대/최소가 되고, 정의역이 주어져 있다면 그 범위 내에 정점이 있는지 없는지를 알아보는 것이 핵심!

♥ 예제 **2-7**

次の2次関数の最大値または最小値と、それを与えるxの値を求めよ。

(1) $y=x^2-4x+5$　　　　　　　(2) $f(x)=-2x^2-4x+3$

풀이 (1) $y=(x-2)^2+1$　$x=2$のとき最小値$y=1$（最大値はない）

　　　(2) $y=-2(x+1)^2+5$　$x=-1$のとき最大値$y=5$（最小値はない）

A⁺ 연습문제 2-7

(1) $y=ax^2+bx+\dfrac{2}{b}$は$x=3$のとき、最大値をとるという。bと最大値をaの式で表せ。

(2) $y=-x^2-ax+1$ $(a>0)$の最大値が5であるとき、aの値と軸の方程式を求めよ。

(3) $y=\dfrac{1}{4}x^2-x+\dfrac{3}{4}$が$1<x<3$の範囲で最小となるのは$x=\boxed{}$のときであり、その最小値は$y=\boxed{}$である。

♥ 예제 **2-8**

$y=2x^2-4x-5$の$-2\leqq x\leqq 2$における最大値・最小値及びそれらを与えるxを求めよ。

풀이

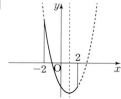

$y=2(x-1)^2-7$

最大値：$x=-2$のとき 11

最小値：$x=1$のとき -7

(1) xが$0<x\leqq1$の範囲で変化するとき、$f(x)=x^2-x$の値域を求めよ。

(2) $f(x)=x^2+2ax+2a+3$の最小値mが$0\leqq a\leqq4$でとる値の範囲を求めよ。

(3) 整数xと実数yが

$2y-1=x(6-x)$ ……①

$3x-4y+6\leqq0$ ……②を満たしているとき

yの最大値Mと最小値mを求めよ。

◉ 예제 2-9

(1) $f(x)=ax^2-4ax+b$ $(a<0)$の$0\leqq x\leqq3$における最大値が12、最小値が4であるとき、a,bの値を求めよ。

(2) $f(x)=x^2-ax+b$の$0\leqq x\leqq1$における最小値を求めよ。

풀이 (1) $f(x)=a(x-2)^2+b-4a$

軸：$x=2$が範囲の中央$\left(x=\dfrac{3}{2}\right)$より

右にあるので、

最大値：$f(2)=b-4a=12$

最小値：$f(0)=b=4$より $a=-2$, $b=4$

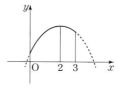

(2) $f(x)=\left(x-\dfrac{a}{2}\right)^2+b-\dfrac{a^2}{4}$ 軸：$x=\dfrac{a}{2}$

$\dfrac{a}{2}<0$ $a<0$のとき $m=f(0)=b$

$0\leqq\dfrac{a}{2}<1$ $0\leqq a<2$のとき $m=f\left(\dfrac{a}{2}\right)=b-\dfrac{a^2}{4}$

$1\leqq\dfrac{a}{2}$ $2\leqq a$のとき $m=f(1)=1-a+b$

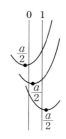

(1) $f(x)=-2x^2+5ax+6$で $0<a<1$とするとき、

　　$0\leqq x\leqq\dfrac{5}{2}$における $f(x)$の最大値・最小値を求めよ。

(2) $f(x)=(x-a)^2+b-a^2\ (a>0)$について、$-1\leqq x\leqq 11$における

　　値域が$-1\leqq f(x)\leqq 1$となるとき、$a,\ b$の値の組の1つは

　　$a=\boxed{\text{AB}}+\sqrt{\boxed{\text{C}}}$, $b=\boxed{\text{D}}-\boxed{\text{E}}\sqrt{\boxed{\text{F}}}$である。

● 예제 **2-10** ─────────

$f(x)=2(x-2)^2+b+1$が$a\leqq x\leqq 1$において最大値15、最小値1をとるとき、$a,\ b$

の値を求めよ。

풀이 定義域が存在するためには、$a<1$。区間内に軸$(x=2)$がないので

　　最小値：$f(1)=2+b+1=1$より$b=-2$

　　最大値：$f(a)=2(a-2)^2+1-2=15$　$(a-2)^2=8$より

　　　　　$a=2\pm2\sqrt{2}$, $a<1$だから $a=2-2\sqrt{2}$

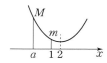

(1) $f(x)=x^2-4x+a$の $b\leqq x\leqq 5\ (0<b<5)$における最大値M、最小値mを$a,\ b$で表

　　し、$M=9$、$m=5$となるようなa,bを求めよ。

(2) $f(x)=|x^2-2ax-3a^2-4a-1|$の $-a-1<x<3a+1$における最大値Mをaで表し、

　　$M=9$のときのaの値を求めよ。

2 2차방정식·2차부등식(2次方程式·2次不等式)

★ 판별식(判別式)

$ax^2+bx+c=0\,(a\neq0)$의 판별식 $D=b^2-4ac$에서 '$D>0$일 때, 방정식은 두 개의 다른 실수해를 갖는다. $D=0$일 때, 방정식은 하나의 실수해만을 갖는다. $D<0$일 때, 방정식은 실수해를 갖지 않는다'인데, '(두 개의) 실수해를 갖는다'라는 표현에서 '다르다(異なる)' 란 말이 없을 때에는 $D\geqq0$이라는 점에도 주의하자.

♥ 예제 2-11

2つの2次方程式

$x^2+2ax+4a=0$ ……①

$x^2+(a+2)x+a^2=0$ ……②のうち

少なくとも1つが実数解をもつようなaの値の範囲を求めよ。

풀이 ① $\dfrac{D}{4}=a^2-4a\geqq0$より$a\leqq0,\ 4\leqq a$

② $D=(a+2)^2-4a^2\geqq0$より$-\dfrac{2}{3}\leqq a\leqq2$

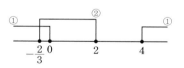

どちらか一方が成り立てばよいから $2\leqq a$または$4\leqq a$

A⁺ 연습문제 2-11

(1) 2つの2次方程式を $A: x^2+2ax+1=0$

$$B: x^2+(a-2)x+1=0とする。$$

次の各方程式が実数解をもつようなaの値の範囲を求めよ。

① $A+B=0$　　　② $AB=0$　　　③ $A^2+B^2=0$

(2) 実数xが $2x^2-3ax+a^2+1=0$を満たしているとき、aの値の範囲を求めよ。

★ 포물선과의 공유점－교점, 접점〔放物線との共有点-交点、接点〕

●포물선과 x축〔放物線とx軸〕

📍 예제 **2-12**

$y=2x^2-3ax+1\,(a>0)$のグラフがx軸に接するとき、aの値を求めよ。

▼풀이 $2x^2-3ax+1=0$の

$D=(3a)^2-4\cdot2\cdot1=0$より

$a=\pm\dfrac{2\sqrt{2}}{3}$, $a>0$だから $a=\dfrac{2\sqrt{2}}{3}$

$y=2\left(x-\dfrac{3}{4}a\right)^2-\dfrac{9}{8}a^2+1$と変形して

頂点のy座標：$-\dfrac{9}{8}a^2+1=0$からも導ける。

A⁺ 연습문제 2-12

$y=\dfrac{1}{2}x^2-ax-b$のグラフがx軸に接するとき、$a-b$の値の範囲を求めよ。

●포물선과 직선〔放物線と直線〕

📍 예제 **2-13**

放物線$y=x^2-4x+5$と直線$y=a$が交わるとき、aがとり得る値の範囲を求めよ。

▼풀이 $x^2-4x+5=a$として

$x^2-4x+(5-a)=0$の

$\dfrac{D}{4}=2^2-(5-a)>0$より $a>1$

[참고] 交わるが ではなく 共有点を持つなら、$\dfrac{D}{4}\geqq0$なので $a\geqq1$

$y=x^2+kx+2k$ と $y=x+2$ の共有点の個数について調べよ。

●두 개의 포물선(2つの放物線)

📍 예제 **2-14** ─────────

$a>0$ とし、$y=ax^2$ と $y=-ax^2+2ax-a^3+2a^2$ のグラフが異なる2点で交わるとき、a の値の範囲を求めよ。

풀이 $ax^2=-ax^2+2ax-a^3+2a^2$

$a>0$ だから

$x^2=-x^2+2x-a^2+2a$

$2x^2-2x+a^2-2a=0$ の

$\dfrac{D}{4}=(-1)^2-2(a^2-2a)>0$ より

$1-\dfrac{\sqrt{6}}{2}<a<1+\dfrac{\sqrt{6}}{2}$, $a>0$ だから $0<a<1+\dfrac{\sqrt{6}}{2}$

$f(x)=x^2-4x+6$ と $g(x)=-x^2+2m+2$ のグラフが共有点をただ1つだけもつとき、m の値を求めよ。

●절대값을 포함한 식의 포물선(絶対値を含む式の放物線)

그래프를 가능한 한 정확하게 그리는 것이 핵심!

예제 **2-15**

$y=|x^2-3x|+x$のグラフと、直線$y=k$との共有点の個数Nを調べよ。

풀이 $x<0, 3\leq x$のとき

$y=x^2-3x+x$

$\quad =(x-1)^2-1$

$0\leq x<3$のとき

$y=-(x^2-3x)+x$

$\quad =-(x-2)^2+4$

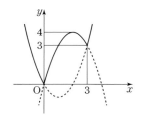

$4<k$	$\rightarrow N=2$
$k=4$	$\rightarrow N=3$
$3<k<4$	$\rightarrow N=4$
$k=3$	$\rightarrow N=3$
$0<k<3$	$\rightarrow N=2$
$k=0$	$\rightarrow N=1$
$k<0$	$\rightarrow N=0$

▶$y=|x^2-3x|$と$y=-x+k$のような場合も

$|x^2-3x|=-x+k$

$|x^2-3x|+x=k$として、$y=|x^2-3x|+x$と$y=k$にして扱えばよい。

（x軸と平行）

연습문제 2-15

$f(x)=|x+2|(x-2)-(x+2)|x-2|+6$と

直線$y=a$の共有点の個数を調べよ。

★ 해와 계수의 관계〔解と係数の関係〕

2차 방정식 $ax^2+bx+c=0$의 해를 α, β라고 하면 $\alpha+\beta=-\dfrac{b}{a}$, $\alpha\beta=\dfrac{c}{a}$가 성립한다.

수학 I의 범위를 벗어나는 내용이기는 하지만, 이미 출제된 예가 있고, α, β를 해로 하는

2차 방정식(중에서 하나)은 $a(x-\alpha)(x-\beta)=0 \rightarrow ax^2-a(\alpha+\beta)x+a\alpha\beta=0$으로부터 쉽

게 도출할 수 있는 관계이므로 외워 두면 좋다.

a, b, c, dは定数で$b \neq 0$とする。

$x^2 - ax + 2b = 0$の2つの解が $c, 2d$

$x^2 - cx + d = 0$の2つの解がa, bであるとき、

a, b, c, dを求めよ。

풀이 解と係数の関係より

$c + 2d = a \cdots$①

$c \cdot 2d = 2b \cdots$②

$a + b = c \cdots$③

$ab = d \cdots$④

③, ④を①に代入して　　$a + b + 2ab = a$

　　　　　　　　　　　　$b(1 + 2a) = 0$　　　$b \neq 0$だから　$a = -\dfrac{1}{2}$

③, ④を②に代入して　　$(a + b) \cdot 2ab = 2b$

$b \neq 0$だから　　　　　　$a(a + b) = 1$

$a = -\dfrac{1}{2}$を代入して　　$b = -\dfrac{3}{2}$

a, bの値を③に代入して $c = -2$、④に代入して $d = -\dfrac{3}{4}$

A⁺ 연습문제 2-16

(1) $a + b = 1$、$ab = -30 \, (a > b)$であるとき、a, bの値を求めよ。

(2) $\alpha = \dfrac{\sqrt{5} + \sqrt{3}}{\sqrt{5} - \sqrt{3}}$、$\beta = \dfrac{\sqrt{5} - \sqrt{3}}{\sqrt{5} + \sqrt{3}}$を解とする2次方程式で

　　x^2の係数が1であるものを求めよ。

(3) $x^2 + 5x + 3 = 0$の2つの解をα, βとする。

　　$2\alpha, 2\beta$を解とする2次方程式で

　　x^2の係数が1であるものを求めよ。

★ 해의 위치(解の位置)

2차 방정식(2차 부등식)의 해가 어느 범위에 존재하는지의 조건을 묻는 문제는 방정식(부등식)으로 취급하기보다 2차 함수의 그래프를 생각하는 쪽이 더 해결하기 쉽다.

◉ 예제 2-17

(1) $2x^2-2(m-1)x+m-1=0$ の1つの解が0と1の間、もう1つの解が1と2の間にあるという。mの値の範囲を求めよ。

(2) 2つの方程式

$x^2-1=0$ ……①

$3x^2+6mx-3m-1=0$ ……②を考える。

①の解をp, q. ②の解をr, sとするとき、

$r<p<s<q$となるようなmの値の範囲を求めよ。

풀이 (1) $y=f(x)=2x^2-2(m-1)x+m-1$のグラフがx軸と

0と1の間で1度、1と2の間でもう1度交わる条件を考える。

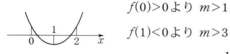

$f(0)>0$より $m>1$

$f(1)<0$より $m>3$

$f(2)>0$より $m<\dfrac{11}{3}$

3つの条件をすべて満たすmは $3<m<\dfrac{11}{3}$

(2) ①の解は-1と1であるから $p=-1$, $q=1$ $(p<q)$

②の解は1つ(s)が-1と1の間にあり、他の解(r)が-1より小さければよい。

そのための条件は、

$f(x)=3x^2+6mx-3m-1$として

$f(-1)<0$より $m>\dfrac{2}{9}$

$f(1)>0$より $m>-\dfrac{2}{3}$

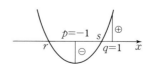

したがって $m>\dfrac{2}{9}$

(1) 2次関数$y=f(x)=ax^2+bx+c$のグラフは2点$(-2, -2)$, $(3, 3)$を通り、x軸との交点の1つは $0<x\leqq2$の範囲内にあるという。

aの値の範囲を求めよ。

(2) $y=ax^2+2bx+c\ (a>0)$のグラフは、x軸と共有点をもち、

それらはすべて区間$-1<x<0$の中にあるという。

次のことを調べよ。

① aとbの大小

② bとcの正負

③ $a+c$と$2b$の大小

④ bとcの大小

(3) $x^2-2(a-4)x+2a>0$を満たす整数が、-3, -2, -1の3つだけであるための、aの条件を求めよ。

※최고차항이 문자계수인 방정식: 출제된 적은 없지만, 이해해 두면 좋다.

예를 들어 「方程式$ax^2+bx+c=0$을 解け。」의 경우, 문제가 「2次方程式$ax^2+bx+c=0$을…」 또는 「方程式$ax^2+bx+c=0\ (a\neq0)$을…」라면 괜찮지만, '2次'方程式라고 표시되지 않은 경우, a, b, c는 0일 가능성이 있다는 사실을 잊지 말자.

$ax^2+bx+c=0$

$\begin{cases} a\neq0 \longrightarrow x=\dfrac{-b\pm\sqrt{b^2-4ac}}{2a} \\ a=0 \longrightarrow bx+c=0 \end{cases}$

$bx=-c$

$\begin{cases} b\neq0 \longrightarrow x=-\dfrac{c}{b} \\ b=0 \longrightarrow 0\cdot x=-c \end{cases}$

$\begin{cases} c\neq0 \longrightarrow ex)\ 0\cdot x=-3$은 해를 갖지 않는다. \\ c=0 \longrightarrow 0\cdot x=0$의 해는 모든 실수. \end{cases}$

★ 2차 함수의 그래프와 2차 부등식〔2次関数のグラフと2次不等式〕

2차 부등식은 〈제1장 집합〉에서 풀이법을 언급하지 않고 다루었는데, 2차 함수의 그래프와의 관계에서 풀이법을 확인해 두자.

$ex)$ $x^2-3x-4\geqq0$을 계산만으로 풀려면

$(x+1)(x-4)\geqq0$을 ① $x+1\geqq0$, $x-4\geqq0$ → $x\geqq4$

또는 ② $x+1\leqq0$, $x-4\leqq0$ → $x\leqq-1$

따라서 $x\leqq-1$ 또는 $4\leqq x$

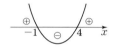

그래프로 생각하면 $y=x^2-3x-4$의 그래프는 그림과 같이 된다.

$y\geqq0$이 되는 것은 $x\leqq-1$, $4\leqq x$의 범위임을

(시각적으로) 확인할 수 있다.

♥ 예제 2-18

2次不等式 $ax^2+(2a-2)x-4>0\,(a>0)$을解け。

풀이 因数分解して $(x+2)(ax-2)=0$を満たすのは $x=-2, \dfrac{2}{a}$

$0<a$より $-2<0<\dfrac{2}{a}$だから $x<-2, \dfrac{2}{a}<x$

A⁺ 연습문제 2-18

連立不等式 $\begin{cases} x^2-x-12<0 \cdots\cdots ① \\ ax^2+(2a-2)x-4>0\,(a>0) \cdots\cdots ② \end{cases}$ を解け。

★ 2차 부등식이 모든 실수에 대해 성립하기 위한 조건
〔2次不等式がすべての実数について成り立つための条件〕

📍 **예제 2-19**

不等式 $x^2+2ax+3a-4 \geqq x-2$ が

すべての x に対して成り立つための、a の条件を求めよ。

풀이 $x^2+2ax+3a-4=x-2$ の

$D=(2a-1)^2-4(3a-2) \leqq 0$

$4a^2-16a+9 \leqq 0$ より $2-\dfrac{\sqrt{7}}{2} \leqq a \leqq 2+\dfrac{\sqrt{7}}{2}$

または

$f(x)=x^2+(2a-1)x+3a-2$

$\qquad =\left(x+\dfrac{2a-1}{2}\right)^2-\dfrac{4a^2-16a+9}{2}$ と変形して

頂点の y 座標 $\geqq 0$ からも導ける。

A⁺ **연습문제 2-19**

(1) 方程式 $(x-2)(x-4)=m(x-a)$ が、すべての実数 m に対して、実数解をもつための、a の条件を求めよ。

(2) 不等式 $x^2-2(a+1)x+16>0$ について考える。

　① 不等式がすべての実数 x について成り立つための a の条件を求めよ。

　② 不等式が $x \geqq 0$ を満たすすべての実数 x について成り立つための a の条件を求めよ。

※ 이상과 같이 x 이외의 문자를 포함하는 부등식에는 주의할 필요가 많다.

1차 부등식도 이와 같으므로, 여기에 예를 들어 둔다.

📍 예 1 ────────────────

2つの不等式 $2k-1<x<7$ ……①

　　　　$-2k-5<x<k+1$ ……②をともに満たすxが存在するようなkの値の範囲を求めよ

풀이 ⅰ) 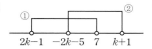 または ⅱ)

$-2k-5<7$ より $-6<k$ … ⅰ)　　　$2k-1<k+1$ より $k<2$ … ⅱ)

ⅰ)、ⅱ)を合わせて $-6<k<2$ としては不十分である。

①のxが存在するために $2k-1<7 \longrightarrow k<4$

②のxが存在するために $-2k-5<k+1 \longrightarrow -2<k$ $\Big)$ $-2<k<4$も

合わせて考えて $-2<k<2$ が正解となる。

(後半を先に考えれば、上のⅰ)は不要であることが分かる。

$-2<k<4$ より $-1<k+1<5$)

📍 예 2 ────────────────

xの不等式 $5x-1>2(x+a)$ の解が、$x=-3$を含むが、

$x=-5$は含まないように、定数aの値の範囲を求めよ。

풀이 $5x-2x>2a+1$ より $x>\dfrac{2a+1}{3}$

$-5<\dfrac{2a+1}{3}<-3$ であれば題意は満たされる。

$\dfrac{2a+1}{3}=-5$ のとき $x>\dfrac{2a+1}{3}=-5$ は -5 を含まない（○）

$\dfrac{2a+1}{3}=-3$ のとき $x>\dfrac{2a+1}{3}=-3$ は -3 を含まない（×）

したがって $-5\leqq\dfrac{2a+1}{3}<-3$ より $-8\leqq a<-5$

「-3を含む」、「-5を含まない」という言葉につられて

$-5<\dfrac{2a+1}{3}\leqq-3$ としないように注意しよう。

日本学生支援機構「平成23年度日本留学試験(第1回)」「数学1-Ⅲ」(凡人社)

2-1 aは定数とし、xの 2 次関数

$$y = 2x^2 + ax + 3 \quad \cdots\cdots ①$$

を考える。①のグラフの頂点は第 1 象限にあるとする。

(1) aのとり得る値の範囲は

$$\boxed{AB}\sqrt{\boxed{C}} < a < \boxed{D}$$

であり、この不等式を満たす最小の整数 a は $\boxed{EF}$ である。

(2) ①において、$a = \boxed{EF}$ とし、①のグラフを x 軸方向に $-\dfrac{1}{n}$、y軸方向に $\dfrac{6}{n^2}$ だけ平行移動したグラフの方程式を

$$y = 2x^2 + px + q$$

とする。このとき

$$p = \frac{\boxed{G}}{n} - \boxed{H}, \quad q = \frac{\boxed{I}}{n^2} - \frac{\boxed{J}}{n} + \boxed{K}$$

である。

(3) (2)においてpが整数となる自然数nは、全部で $\boxed{L}$ 個ある。

これらのnのうちqの値も整数となるものを考える。このとき、qが最小となるのは $n = \boxed{M}$ のときであり、その値は $q = \boxed{N}$ である。

2-2

2つの放物線

$l : y = ax^2 + 2bx + c$

$m : y = (a+1)x^2 + 2(b+2)x + c + 3$

を考える。点 A, B, C, Dが右図のような位置関係に

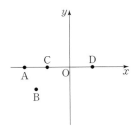

あるとする。このとき、この2つの放物線のうち、

一方は、3点 A, B, C を通り、

もう一方は、3点 B, C, Dを通るとする。

(1) 3点 A, B, C を通る放物線は $\boxed{\text{A}}$ である。ただし、$\boxed{\text{A}}$ には、次の⓪か①
のどちらか適するものを選びなさい。

⓪ 放物線 l ① 放物線 m

(2) 2つの放物線 l, mは、どちらも2点B, Cを通るので、点B, Cのx座標は、
2次方程式

$$x^2 + \boxed{\text{B}} x + \boxed{\text{C}} = 0$$

の解である。よって、点Bのx座標は $\boxed{\text{DE}}$、点Cのx座標は $\boxed{\text{FG}}$ である。

(3) 特に、AB=BC, CO=ODのとき、a, b, c の値を求めよう。

2点 C, D は y軸に関して対称であるから、$b = \boxed{\text{H}}$ である。また、
AB=BCより、直線 $x = \boxed{\text{IJ}}$ が $\boxed{\text{A}}$ の軸である。

したがって、$a = -\dfrac{\boxed{\text{K}}}{\boxed{\text{L}}}$ である。よって、$c = \dfrac{\boxed{\text{M}}}{\boxed{\text{N}}}$ である。

2-3 2次関数

$$f(x)=\frac{3}{4}x^2-3x+4$$

を考える。

a, b は $0<a<b$ と $2<b$ を満たす実数とする。このとき、関数 $y=f(x)$ の $a\leqq x\leqq b$ における値域が $a\leqq y\leqq b$ となるような a, b の値を求めよう。

$y=f(x)$ のグラフの軸の方程式が $x=\boxed{M}$ であるから、次のように場合分けをする。

(i) $\boxed{M}\leqq a$

(ii) $0<a<\boxed{M}$

(i)のとき、$f(x)$ の値は $a\leqq x\leqq b$ において、x とともに増加するから、$f(a)=a$, $f(b)=b$ となればよい。これらを解いて、$a=\dfrac{\boxed{N}}{\boxed{O}}$, $b=\boxed{P}$ を得るが、この a は(i)を満たさない。

(ii)のとき、$f(x)$ の $a\leqq x\leqq b$ における最小値は $\boxed{Q}$ であるから、

$$a=\boxed{R}$$

である。これは(ii)を満たす。

このとき、$f(a)=\dfrac{\boxed{S}}{\boxed{T}}<b$ より、$f(b)=b$ である。よって

$$b=\boxed{U}$$

を得る。

실력을 키우는 저자 메모 ✏️

EJU의 도형 문제에서는 그림이 주어지는 것과 주어지지 않는 것이 대체로 2 : 1의 비율입니다. 그림이 주어지지 않은 경우는 문제의 '조건에 맞는 그림'을 직접 그려 보는 것이 문제를 푸는 열쇠입니다. 따라서 이 장에서는 그림이 주어지지 않는 문제가 나오면 꼭 그림을 그려 보도록 합시다.

또한 제1장과 제2장에서도 그랬지만, 특히 도형 영역에서는 하나의 항목(cos 정리, 닮은 도형 등등)만으로 처리 가능한 문제는 거의 없습니다. 따라서 제3장(제6장도 같음)은 일단 항목별로 배열했지만, 각 항목 이외의 내용도 포함되어 있음을 미리 밝혀 둡니다.

1 삼각비(三角比)

sin, cos, tan(正弦, 余弦, 正接) 및 삼각비의 상호관계(三角比の相互関係)

$\sin\theta$, $\cos\theta$, $\tan\theta$ 중 어느 하나가 주어지고, 다른 값을 구하는 경우, $\sin^2\theta+\cos^2\theta=1$ 을 사용해 계산만으로 처리하는 것이 아니라, 예를 들면 $\cos\theta=\dfrac{3}{4}$가 주어졌을 때, θ의 크기는 어느 정도인지 대략적인 그림을 그려 보자.

예제 3-1

(1) $\cos\theta=\dfrac{3}{4}$のとき、$\sin\theta$を求めよ。

(2) $\triangle ABC$で $AB=AC$、$BC=4$、$\cos B=\dfrac{1}{5}$である。ABを求めよ。

풀이 (1) $\sin B=\sqrt{1-\left(\dfrac{3}{4}\right)^2}=\dfrac{\sqrt{7}}{4}$ 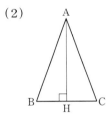 $\leftarrow \sqrt{4^2-3^2}=\sqrt{7}$ より $\sin\theta=\dfrac{\sqrt{7}}{4}$

(2)

BCの中点をHとすると（$\triangle ABC$は二等辺三角形だから）

$AH\perp BC$, $BH=2$

$\cos B=\dfrac{BH}{AB}$, $\dfrac{2}{AB}=\dfrac{1}{5}$ より $AB=10$

연습문제 3-1

$AB=AC$の二等辺三角形がある。$\angle B=\theta$, $AB=AC=x$とする。

底辺BCの中点Oを中心とし、辺ABと点Pで接する円の半径をrとする。

(1) OBをxとθの式で表せ。

(2) rをxとθの式で表せ。

(3) θの大きさによって、三角形の形、rの値は変化する。

$(\cos\theta-\sin\theta)^2\geqq0$を使って、$r$の最大値を求めよ。

1 sin 정리(正弦定理), cos 정리(余弦定理)

★ cos 정리(定理)

$$a^2 = b^2 + c^2 - 2bc \cdot \cos A, \ \cos A = \frac{b^2 + c^2 - a^2}{2bc} \ \text{등등}$$

📍 예제 **3-2**

(1) △ABCで AB=3, AC=4, $\cos A = \dfrac{1}{4}$ である。

BC, $\cos C$ を求めよ。

(2) △ABCで BC=2, AC=$\sqrt{2} + \sqrt{6}$, ∠C=45°である。

AB, ∠Aを求めよ。

(3) △ABCで AB=3, BC=$\sqrt{7}$, CA=2である。

∠Aを求めよ。

풀이 (1) $BC^2 = 3^2 + 4^2 - 2 \cdot 3 \cdot 4 \cdot \dfrac{1}{4} = 19$, BC>0, BC=$\sqrt{19}$

$$\cos C = \frac{4^2 + (\sqrt{19})^2 - 3^2}{2 \cdot 4 \cdot \sqrt{19}} = \frac{13}{4\sqrt{19}} = \frac{13\sqrt{19}}{76}$$

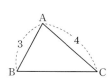

(2) $\cos 45° = \dfrac{1}{\sqrt{2}}$, $AB^2 = (\sqrt{2}+\sqrt{6})^2 + 2^2 - 2 \cdot 2(\sqrt{2}+\sqrt{6}) \cdot \dfrac{1}{\sqrt{2}} = 8$

AB>0, AB=$2\sqrt{2}$

$$\cos A = \frac{(2\sqrt{2})^2 + (\sqrt{2}+\sqrt{6})^2 - 2^2}{2 \cdot 2\sqrt{2}(\sqrt{2}+\sqrt{6})} = \frac{3+\sqrt{3}}{2(1+\sqrt{3})} = \frac{\sqrt{3}(\sqrt{3}+1)}{2(1+\sqrt{3})} = \frac{\sqrt{3}}{2}$$

∠A=30°

(3) $\cos A = \dfrac{3^2 + 2^2 - (\sqrt{7})^2}{2 \cdot 3 \cdot 2} = \dfrac{1}{2}$

∠A=60°

(1) AB＝AC＝5, BC＝7の△ABCの 辺 AC上に BD＝6となる点Dをとるとき、ADを
求めよ。

(2) 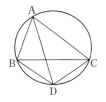 AB＝AC＝4の △ABCが、半径3の円に内接している。

$\sin B$, $\cos B$, BCを求めよ。

(3) AB＝8, AC＝6, ∠A＝60°の △ABCで AB上に点P、AC上に点Qをとり、△APQ
の面積が△ABCの面積の半分となるようにしたい。

AP＝xとし、AQ, PQ²をxの式で表し、PQの最小値と、その最小値を与えるxの
値を求めよ。

(4) 鈍角三角形ABCで、BC＝6, AC＝$2\sqrt{7}$, ∠B＝60°のとき、ABを求めよ。

(5) AB＝2, AC＝3, $\cos A = \dfrac{1}{3}$の △ABCで

① BCを求めよ。

② ∠Aの二等分線と円との交点をDとする。

$\cos \angle BDC$, BDを求めよ。

(6) 四角形ABCDは円に内接し、

AB＝1, BC＝CD＝$\sqrt{2}$, DA＝$\sqrt{3}$ である。∠BAD＝θとするとき、

① ∠BCDをθで表し、△ABDと△BCDに$\cos$定理を用いて、θ, BDを求めよ。

② ∠BAC, ∠BCA, ACを求めよ。

★ sin 정리(定理)

$$\frac{a}{\sin A}=\frac{b}{\sin B}=\frac{c}{\sin C}=2R \ (R: 外接円半径)$$

📍 예제 3-3

(1) $\triangle$ABCで BC$=10$, AC$=10\sqrt{2}$, $\angle$B$=135°$のとき、$\angle$Aを求めよ。

(2) AB$=3$, BC$=4$, CA$=2$である $\triangle$ABCの 外接円の 半径Rを求めよ。

풀이 (1) $\dfrac{BC}{\sin A}=\dfrac{AC}{\sin B}$

$\dfrac{10}{\sin A}=\dfrac{10\sqrt{2}}{\dfrac{1}{\sqrt{2}}}$ より $\sin A=\dfrac{1}{2}$, $\angle A=30°$

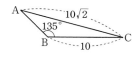

（$\angle$B$=135°$なので、$\angle$A$=150°$はない）

(2) $\cos B=\dfrac{3^2+4^2-2^2}{2\cdot3\cdot4}=\dfrac{7}{8}$

$\sin B=\sqrt{1-\left(\dfrac{7}{8}\right)^2}=\dfrac{\sqrt{15}}{8}$

$\dfrac{AC}{\sin B}=2R=\dfrac{2}{\dfrac{\sqrt{15}}{8}}$ より $R=\dfrac{8\sqrt{15}}{15}$

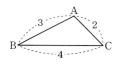

🅰⁺ 연습문제 3-3

(1) 〈예제3-3〉(2)の三角形で $\dfrac{\sin A}{\sin C}$ を求めよ。

(2) AB$=1+\sqrt{3}$, AC$=\sqrt{2}$, $\angle$A$=45°$である$\triangle$ABCで

① BC、② 外接円の半径R、③ $\angle$Cを求めよ。

2 도형의 계량〔図形の計量〕— 삼각형의 면적〔三角形の面積〕

예제 3-4

AB＝4, BC＝5, CA＝3の △ABCの

面積Sと内接円の半径rを求めよ。

풀이

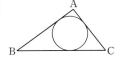

$\cos B = \dfrac{4^2 + 5^2 - 3^2}{2 \cdot 4 \cdot 5} = \dfrac{4}{5}$

$\sin B = \sqrt{1 - \left(\dfrac{4}{5}\right)^2} = \dfrac{3}{5}$

$S = \dfrac{1}{2} \cdot 4 \cdot 5 \cdot \dfrac{3}{5} = 6$ ($\dfrac{1}{2} \cdot 4 \cdot 3$もOK)

一方 $S = \dfrac{1}{2} r(4+5+3) = 6$ より $r = 1$

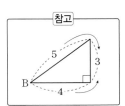
参考

연습문제 3-4

(1) AB＝3, BC＝4, CA＝2の△ABCがある。

AB上に点Dをとり、AD＝x, AC上に点Eをとり、AE＝yとする。

△ADEの面積が△ABCの面積の$\dfrac{1}{3}$になるとき、xyの値を求めよ。

(2) △ABCの辺ABを1：3に内分する点をD、辺BCを2：3に内分する点をE、CAを1：2に

内分する点をFとする。△ABCの面積をSとするとき、△DEFの面積をSの式で表せ。

(3) BC＝6, ∠B＝30°の三角形に半径1の円が内接している。

AB＝x, AC＝yとして 次の □ を埋めよ。

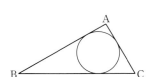

△ABCの面積Sは、$\sin B$を使うと

$S = \dfrac{\boxed{\text{A}}}{\boxed{\text{B}}} x$

内接円の半径rを使うと $S = \dfrac{\boxed{\text{C}}}{\boxed{\text{D}}}(x + y + \boxed{\text{E}})$

これより $y = \boxed{\text{F}}\, x - \boxed{\text{G}}$ ……①

cos定理より $y^2 = x^2 - \boxed{\text{H}}\sqrt{\boxed{\text{I}}}\, x + \boxed{\text{JK}}$ ……②

①を②に代入して整理すれば

$$x^2 - \boxed{\text{L}}\,(\boxed{\text{M}} - \sqrt{\boxed{\text{N}}}\,)x = 0$$

$x \neq 0$ だから $x = \boxed{\text{L}}\,(\boxed{\text{M}} - \sqrt{\boxed{\text{N}}}\,)$

도전! 기출문제

日本学生支援機構「平成18年度日本留学試験(第1回)」「数学1-Ⅲ-問1」(凡人社)

3-1

四角形 ABCDは直径8の円に内接し

$$AB = 4, \cos A = -\frac{1}{4}, \angle B = 60°$$

を満たしている。

(1) $\sin A = \dfrac{\sqrt{\boxed{AB}}}{\boxed{C}}$ である。

(2) $BD = \boxed{D}\sqrt{\boxed{EF}}$, $AC = \boxed{G}\sqrt{\boxed{H}}$ である。

(3) $BC = \boxed{I}$, $CD = \boxed{J}$ である。

3-2 BC を直径とする半円に、三角形 ABD が図の
ように内接している。ここで

$$AB=3,\ BD=5,\ \tan \angle ABD=\frac{3}{4}$$

とする。このとき、四角形 ABCD の残りの 3 辺
BC, CD, DAの長さと四角形 ABCD の面積 S
を求めよう。

まず、$\cos \angle ABD=\dfrac{\boxed{L}}{\boxed{M}}$ であるから、DA$=\sqrt{\boxed{NO}}$ である。

また、$\sin \angle ABD=\dfrac{\boxed{P}}{\boxed{Q}}$ であるから、BC$=\dfrac{\boxed{R}\sqrt{\boxed{ST}}}{\boxed{U}}$ であり、

CD$=\dfrac{\boxed{V}}{\boxed{W}}$ である。以上より

$$S=\dfrac{\boxed{XY}}{\boxed{Z}}$$

である。

3-3 図のように四角形 ABCD が半径 $\sqrt{3}$ の円Oに

内接している。ここで

AB$=\sqrt{3}+\sqrt{2}$, AD$=\sqrt{3}-\sqrt{2}$, $\angle$BDA$<90°$

とする。四角形 ABCD の面積が $\dfrac{3\sqrt{3}}{4}$ のとき、

四角形 ABCD の周の長さを求めよう。

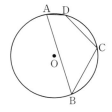

$\cos\angle$BAD$=t$ とおく。余弦定理を用いると

$$BD^2=\boxed{\text{AB}}-\boxed{\text{C}}\,t$$

が得られ、正弦定理を用いると

$$BD^2=\boxed{\text{DE}}(\boxed{\text{F}}-t^2)$$

が得られる。

これより t の値は $t=\dfrac{\boxed{\text{G}}}{\boxed{\text{H}}}$ となるから、$\angle$BAD$=\boxed{\text{IJ}}°$ である。

次に、BC$=x$, CD$=y$ とする。BD$=\boxed{\text{K}}$, $\angle$BCD$=\boxed{\text{LMN}}°$　より

$$(x+y)^2-xy=\boxed{\text{O}}$$

となる。

さらに、四角形 ABCD の面積に着目すると $xy=\boxed{\text{P}}$ であるから、求める周

の長さは

$$\boxed{\text{Q}}\sqrt{\boxed{\text{R}}}+\sqrt{\boxed{\text{ST}}}$$

である。

3-4 図のような円Oに内接する五角形 ABCDE に

おいて4辺の長さは

AB=BC=$6\sqrt{2}$, CD=$2\sqrt{6}$, DE=4

とする。また、三角形 ABC は面積 $18\sqrt{3}$ の鋭角

三角形とする。このとき、五角形 ABCDE の残り

の辺 AE の長さを求めよう。

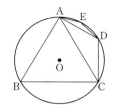

(1) $\angle$ABC=$\boxed{AB}$ °, $\angle$ADC=$\boxed{CDE}$ °である。

(2) AC=$\boxed{F}\sqrt{\boxed{G}}$ であるから、$\angle$CAD=$\boxed{HI}$ °, $\angle$AED=$\boxed{JKL}$ °である。

(3) AE=xとすると、xは

$$x^2+\boxed{M}\sqrt{\boxed{N}}\,x-\boxed{O}=0$$

を満たす。これを解いて

$$AE=\boxed{P}(\sqrt{\boxed{Q}}-\sqrt{\boxed{R}})$$

を得る。

실력을 키우는 저자 메모 ✏️

'~은 모두 몇 가지인가?'에 답하는 것이 제4장의 핵심입니다. 어떻게 해야 합리적으로, 빠뜨리지 않고, 빨리 셀 수 있을까? 다양한 풀이법을 이해하고 익히시기 바랍니다. 그런 과정을 통해 "아! 이런 경우를 생각 못 했네." 하고 깨닫는 일이 몇 번 생기게 됩니다. 바로 그런 실패의 경험이 실력을 쌓는 토대가 될 것입니다.

1 경우의 수(場合の数)

1 가짓수의 원칙(数え上げの原則)

★ 합의 법칙, 곱의 법칙(和の法則、積の法則)

○ 예제 4-1

大小2つのサイコロを投げるとき、次の場合はそれぞれ何通りあるか。

(1) 目の和が5の倍数になる。

(2) 目の積が奇数になる。

풀이 (1) ① 和が5 (1, 4), (2, 3), (3, 2), (4, 1)の4通り

② 和が10 (4, 6), (5, 5), (6, 4)の3通り

①②は同時には起らないので、和が5の倍数になるのは、4＋3＝7通り(和の法則)

(2) ① 大のサイコロ 1, 3, 5の 3通り

② 小のサイコロ 1, 3, 5の 3通り

目の積が奇数になるのは、①, ②が同時に起こるときなので 3×3＝9通り(積の法則)

A+ 연습문제 4-1

4個の数字 0, 1, 2, 3を使って4桁の整数を作る。同じ数を何度使ってもよいとし、次のものは何個できるか。(0123等は4桁の整数ではない。)

(1) 1と2を2個ずつ使うもの。

(2) 0と3を2個ずつ使うもの。

(3) 2種の数を2個ずつ使うもの。

2 순열·조합〔順列・組合せ〕

★ 순열〔順列〕

$$_6P_4 = 6 \cdot 5 \cdot 4 \cdot 3 \qquad\qquad _6P_6 = 6 \cdot 5 \cdot 4 \cdot 3 \cdot 2 \cdot 1 = 6!$$

◉ 예제 **4−2**

男子が2人、女子が3人いる。次の場合はそれぞれ何通りあるか。

(1) 5人が横1列に並ぶ。

(2) 両端を男子にして横1列に並ぶ。

(3) 5人の内3人が横1列に並ぶ。

풀이 (1) 5! = 120通り

　　　(2) 両端の男子の並び方：2! = 2通り

　　　　　間の女子の並び方：3! = 6通り

　　　　　2 × 6 = 12通り（積の法則）

　　　(3) $_5P_3 = 5 \cdot 4 \cdot 3 = 60$通り

A⁺ 연습문제 4−2

A, B, C, Dの4人が、1〜6の番号のついた部屋に1人ずつ入る場合は何通りあるか。

★ 인접하는 순열〔隣接する順列〕

○ 예제 4-3

1〜5の5個の数字を使って作られる5桁の整数のうち、2と4が隣り合うものは何個あるか。

풀이 2と4を1つの数と考えて、他の3個と合わせて4個の順列を考えると、4!＝24個。

それぞれの2と4を入れかえると、別の数になる。

(12435と14235…)ので 4!×2＝48個
       (2!)

A+ 연습문제 4-3

男子4人と女子3人が1列に並ぶ。女子3人が隣り合う並び方は何通りあるか。

★ 인접하지 않는 순열〔隣接しない順列〕

다른 한 쪽부터 생각한다.

○ 예제 4-4

男子3人と女子4人が1列に並ぶとき、男子どうしが隣り合わない並び方は何通りあるか。

풀이 男子からではなく、女子の並び方から考える。

女子4人(G_1, G_2, G_3, G_4)の並び方は、4!

ex) ___, G_1, ___, G_2, ___, G_3, ___, G_4, ___

男子3人は、両端、女子の間の5個所から3個所を選んで並べばよいので、$_5P_3$

4!×$_5P_3$＝1440通り

A+ 연습문제 4-4

NIHONGOの7文字を1列に並べるとき、G, H, Iが隣り合わない並べ方は何通りあるか。

★ 같은 것을 포함하는 순열 (同じものを含む順列)

n개 중에서 같은 것이 p개, q개… 포함될 때,

n개의 순열은 $\dfrac{n!}{p!q!\cdots}$ $(p+q+\cdots=n)$

♥ 예제 **4-5**

a, a, a, b, b의 5個の文字を1列に並べる並べ方は何通りあるか。

풀이 公式にあてはめて $\dfrac{5!}{3!2!}=10$ 通り

[참고] 각 문자에 번호가 붙어 있으면, $a_1a_2a_3b_1b_2$와 $a_1a_2a_3b_2b_1$은 다른 배열법인데, 번호가 없으면 같은 배열법이 된다.

a_1, a_2, a_3의 배열법은 3!. b_1, b_2의 배열법은 2!이므로, 번호를 빼고 $aaabb$가 되는 배열법은 3! × 2!이다. 다해서 5! 중 3!2!은 모두 같다고 생각하면 된다.

A⁺ 연습문제 4-5

NIHONGOの7文字を1列に並べる並べ方は何通りあるか。

★ 중복 순열(重複順列)

n종류의 것으로부터 중복을 허용하여(즉 각 종류에서 몇 개를 취해도 된다) r개를 취해 배열하는 순열은 n^r가지

♀ 예제 4-6

5人がじゃんけんをするとき、手（グー、チョキ、パー）の出し方は何通りあるか。

풀이 1人ずつに各3通りの出し方があるので、

$3^5＝243$通り

연습문제 4-6

A, B, C, Dの4人が、1〜3の番号のついた部屋に入る（1つの部屋に何人でも入れる）とき、

(1) 4人の入り方は何通りあるか。（空室ができてもよい）

(2) 空室ができないような入り方は何通りあるか。

★ 조합〔組合せ〕

$$_6C_4=\frac{_6P_4}{4!}$$

순열과 달리 배열법으로 구별하지 않고, 선택법만을 생각한다.(abc와 acb는 같은 것으로 봄)

$_6C_4={}_6C_2$, $_nC_n=1$ ($_nC_0=1$로 정한다.)

♥ 예제 4-7

男子5人、女子3人から4人を選ぶとき、次の選び方は何通りか。

(1) 全体から4人選ぶ。

(2) 男子、女子、各2人ずつ、4人を選ぶ。

(3) 少なくとも1人は女子を含むように選ぶ。

풀이 (1) $_8C_4=70$通り

(2) 男子：5人から2人　　女子：3人から2人

$_5C_2\times{}_3C_2=30$通り

(3) 性別を考えると、4つのパターンがある。

① 男、男、男、男、② 男、男、男、女、③ 男、男、女、女　④ 男、女、女、女

「少なくとも1人は女子」は、②③④パターンの合計であり、それぞれを求めて、

それらを足してもよいが、①（だけ）を求めて、全体から引くほうが計算しやすい。

$70-{}_5C_4=65$通り

A를 직접 구하지 않고

$\overline{A}$(A의 여사건)을 구해 전체에서 빼는 방법은 다음 장인 '확률'에서도 유효하다.

A⁺ 연습문제 4-7

(1) 正六角形の6個の頂点から3個を選んで結び、三角形を作る。

① 三角形はいくつできるか。

② 直角三角形はいくつできるか。

(2) A, B, C, Dの4人が1〜5の番号のついた部屋に入る(一つの部屋に何人でも入れる)。

① 入り方は全部で何通りなるか。

② 3人が1つの部屋に、1人が他の部屋に入る入り方は何通りあるか。

③ 1番の部屋に少なくとも1人が入る入り方は何通りあるか。

★ 그룹 나누기(グループ分け)

조합을 이용하면 다음과 같은 문제도 풀 수 있다.

📍 예

1〜9の番号が1つずつついた球を次のように3グループに分けるとき、分け方は何通りあるか。

(1) A, B, Cの3つの箱に3個ずつ入れる。

(2) 3個ずつ3グループに分ける。

(3) 2個、3個、4個の3グループに分ける。

(4) 2個、2個、5個の3グループに分ける。

풀이 (1) Aの箱に3個入れるのは$_9C_3$通り。

残りの6個から3個をBの箱に入れるのは、$_6C_3$通り

残った3個は自動的にCの箱に入れるので

$_9C_3 \times _6C_3 = 1680$通り

(2) (1)で求めた入れ方の内、3!(箱の並べ方)は同じものと考えて

$\dfrac{1680}{3!} = 280$通り

(3) $_9C_2 \times _7C_3 (\times _4C_4) = 1260$通り

(4) $\dfrac{_9C_2 \times _7C_2 \times _5C_5}{2! *} = 378$通り

★ 순서 지정 순열(順序指定順列)

출제된 예는 없지만, 지금까지 학습한 내용을 확인한다는 의미도 있으므로 설명해 둔다.

📍 **예**

A, B, C, D, E, F, Gの7つの文字を1列に並べる順列の内で、B, C, E, Fがこの順に並ぶものは、いくつあるか。

풀이 ① (隣接しない順列と同様に)A, D, Gから考える。A, D, Gを7つの場所から3つ選んで並べる並べ方は$_7P_3 = 210$通り。

ex) ___, ___, A, ___, G, D, ___ 残った4つの場所に、左からB, C, E, Fの順に並べるのは1通りだけだから、210通り

② A, D, Gと4つの□を並べると考えると、同じものを含む順列だから、$\dfrac{7!}{4!} = 210$通りで、4つの□に、左から順にB, C, E, Fを並べればよい。

日本学生支援機構「平成28年度日本留学試験(第2回)」「数学1-Ⅰ-問2」(凡人社)

4-1

大中小3個のさいころを同時に投げて出た目の数をそれぞれ x, y, z とし、

$$x=y=z \quad である事象をA,$$
$$x+y+z=6 \quad である事象をB,$$
$$x+y=z \quad である事象をC$$

とする。

(1) 事象 A, B, C の起る場合の数は、それぞれ

$$Aが\boxed{J}, Bが\boxed{KL}, Cが\boxed{MN}$$

である。

(2) 事象 $A \cap B, B \cap C, C \cap A$ の起こる場合の数は、それぞれ

$$A \cap Bが\boxed{O}, B \cap Cが\boxed{P}, C \cap Aが\boxed{Q}$$

である。

(3) 事象 $B \cup C$ の起こる確率 $P(B \cup C)$ は

$$P(B \cup C)=\frac{\boxed{RS}}{\boxed{TUV}}$$

である。

2 확률과그기본적인성질(確率とその基本的な性質)

$$\text{사건 } A\text{가 일어날 확률} = \frac{\text{사건 } A\text{가 일어날 경우의수}}{\text{일어날 수 있는 모든 경우의수}}$$

따라서 앞 장에서 학습한 다양한 '경우의 수' 관련 내용을 활용한다.

📍 예제 4-8

3人の占い師A, B, Cがこれまで占いを当ててきた確率は、

$A : \dfrac{2}{3}$, $B : \dfrac{3}{4}$, $C : \dfrac{5}{7}$であるという。あることについて3人の占いが

(1) 3人とも当たる確率を求めよ。

(2) 3人とも当たらない確率を求めよ。

(3) 少なくとも2人が当たる確率を求めよ。

(4) 誰か1人だけ当たる確率を求めよ。

풀이 (1) $\dfrac{2}{3} \times \dfrac{3}{4} \times \dfrac{5}{7} = \dfrac{5}{14}$ (積の法則)

(2) 当たらない確率は $A : \dfrac{1}{3}$, $B : \dfrac{1}{4}$, $C : \dfrac{2}{7}$ (余事象) だから

$\dfrac{1}{3} \times \dfrac{1}{4} \times \dfrac{2}{7} = \dfrac{1}{42}$

(3) 3人とも当たる確率は、(1)より $\dfrac{5}{14}$

A, Bだけが当たる(Cは当たらない)確率は $\dfrac{2}{3} \times \dfrac{3}{4} \times \dfrac{2}{7} = \dfrac{1}{7}$

B, Cだけが当たる確率は $\dfrac{1}{3} \times \dfrac{3}{4} \times \dfrac{5}{7} = \dfrac{5}{28}$

A, Cだけが当たる確率は $\dfrac{2}{3} \times \dfrac{1}{4} \times \dfrac{5}{7} = \dfrac{5}{42}$

以上を合計して少なくとも2人が当たる確率は

$\dfrac{5}{14} + \dfrac{1}{7} + \dfrac{5}{28} + \dfrac{5}{42} = \dfrac{67}{84}$ (和の法則)

(4) Aだけが当たる確率は $\dfrac{2}{3} \times \dfrac{1}{4} \times \dfrac{2}{7} = \dfrac{4}{84}$

Bだけが当たる確率は $\dfrac{1}{3} \times \dfrac{3}{4} \times \dfrac{2}{7} = \dfrac{6}{84}$

Cだけが当たる確率は $\dfrac{1}{3} \times \dfrac{1}{4} \times \dfrac{5}{7} = \dfrac{5}{84}$

以上を合計して $\dfrac{4+6+5}{84} = \dfrac{5}{28}$ としてもよいし、

(4)は(2)と(3)の余事象と見て、その結果を利用すれば

$1 - \left(\dfrac{1}{42} + \dfrac{67}{87} \right)$ でも求められる。

	A	B	C		
	○	○	○	(1)	30
(3)	○	○	×		12
	○	×	○		15
	×	○	○		10
(4)	○	×	×		4
	×	○	×		6
	×	×	○		5
(2)	×	×	×		2
					84

A⁺ 연습문제 4-8

(1) 1, 2, 3, 4, 5の5個の数字から3個を使って3桁の整数を作るとき、

① 3桁の整数は何個できるか。

② そのうち、偶数は何個できるか。

③ 整数が奇数である確率を求めよ。

④ 整数の各桁の数の和が8以上である確率を求めよ。

(2) 当りくじ2本の入った10本のくじを考える。

① 同時に2本引く引き方は何通りあるか。

② 2本ともはずれである確率を求めよ。

③ 少なくとも1本が当りである確率を求めよ。

④ 同時に2本引く試行を2回続ける(引いたくじは元に戻さない)。

1回目には当りがなく、2回目は2本とも当る確率を求めよ。

(3) −3から4までの異なる整数が1つずつ書かれた8枚のカードが箱に入っている。

① 取り出したカードを元に戻さないで、1枚ずつ3枚続けて取り出す取出し方は何通りあるか。

② ①で取出したカードに書かれた数を順に a, b, c とするとき、$a < 0 < b < c$ となる確率を求めよ。

③ 同時に2枚取り出す取り出し方は何通りあるか。

④ ③で取り出したカードに書かれた2つの数の積が負にならない確率を求めよ。

(4) Aはハート3枚、スペード2枚、Bはハート1枚、スペード4枚のトランプを持っている。お互いに相手のカードから表(マーク)が見えないように2枚ずつ引いてから、表を向けるとき、マークが次のようになっている確率を求めよ。

　① Aがスペード2枚、Bがハート、スペード各1枚を引く。

　② 4枚がハート1枚、スペード3枚となる。

　③ 4枚とも同じマークになる。

　④ 4枚の内、スペードが2枚以下となる。

(5) 袋の中に1から12までの番号がついた球がそれぞれ1個ずつ計12個入っている。

　① 3個の球を同時に取り出す。

　　ⅰ) 取り出し方は全部で何通りあるか。

　　ⅱ) 3個の球の番号がすべて3以上、9以下である確率を求めよ。

　　ⅲ) 最も小さい番号が3以下で、最も大きい番号が9以上である確率を求めよ。

　② 1個の球を取り出して番号を見てから元に戻す試行を3回続ける。

　　最も小さい数が3以上で、最も大きい数が10以下である確率を求めよ。

(6) 1組のトランプからハート5枚、スペード4枚、クラブ3枚、計12枚を選ぶ。

　① 12枚から2枚を取り出し、取り出した順に並べる並べ方は何通りあるか。

　② 12枚から同時に2枚取り出すとき、

　　ⅰ) 2枚が同じマークである確率を求めよ。

　　ⅱ) 2枚が異なるマークである確率を求めよ。

　③ 12枚から1枚取り出し、それを元に戻さないでもう1枚取り出すとき、
　　1枚目がハートかスペードであり、2枚目がスペードかクラブである確率を求めよ。

★ 반복시행의 확률 [反復試行の確率]

같은 시행을 반복할 경우의 확률.

1회의 시행으로 사건 A가 일어날 확률이 p라면 n회의 반복시행으로 A가 r회 일어날 확률은

$_nC_r p^r q^{n-r}$ ($q=1-p$: 여사건)

($_nC_r$: 예를 들면 5회의 시행 중에서 A가 2회 일어난다고 하면 그것이 몇 회째와 몇 회째인지를 나타내는 것이 $_5C_2$)

♀ 예제 **4-9**

赤球4個と白球2個が入っている袋から1個を取り出し、色を見てから袋に戻す試行を4回繰り返すとき、赤球がちょうど3回出る確率を求めよ。

풀이 1個取り出すとき、それが赤である確率は $\dfrac{4}{6}=\dfrac{2}{3}$

白である確率は $\dfrac{1}{3}$

4回のうち、どこで赤が3回出るか $_4C_3=4$通り

したがって、赤3回、白1回の確率は $_4C_3\left(\dfrac{2}{3}\right)^3 \cdot \dfrac{1}{3}=\dfrac{32}{81}$

A⁺ 연습문제 4-9

(1) 原点0から出発して数直線上を動く点Pがある。

Pはサイコロを投げて2以下の目が出ると$+2$だけ、3以上の目が出ると-1だけ移動する。サイコロを6回投げたとき、Pが原点に戻る確率を求めよ。

(2) 原点0から出発して座標平面を動く点Pがある。

サイコロを投げて3の倍数の目がでるとx軸の正の方向に1だけ、それ以外の目が出るとy軸の正の方向に1だけ移動する。

① Pが点 A(2, 1)を通り、点 B(3, 2)に達する確率を求めよ。

② サイコロを4回投げるとき、Pが到達する点は全部で5個ある。

その5個の点の座標を、x座標が大きい順に示し、それぞれの点に到達する確率を求めよ。

★ 기댓값 (期待値)

[例] 右のような100本のくじがある。

このくじを1本引くときの期待値は?

各等の当たる確率はそれぞれ $\dfrac{2}{100}$, $\dfrac{5}{100}$, $\dfrac{10}{100}$

であるから、

$10000 \times \dfrac{2}{100} + 5000 \times \dfrac{5}{100} + 3000 \times \dfrac{10}{100}$ より

¥750をこのくじの期待値という。

(くじを引いた100人が受け取る賞金の平均である。)

	当たりくじ	賞金
1等	2本	¥10000
2等	5本	¥5000
3等	10本	¥3000
はずれ	83本	―

[A⁺] 연습문제 4-10

(1) サイコロを3個投げて出た目の数の和を考える。

① 目の和が16以上である確率を求めよ。

② 目の和による得点を

16以上であれば50点

5以上、15以下であれば20点

4以下であれば−30点 とするとき、得点の期待値を求めよ。

(2) Aの袋には赤球4個と白球6個、Bの袋には赤球5個と白球3個が入っている。それ

ぞれの袋から球を1個ずつ取り出す。

① Aから白球、Bから赤球を取り出す確率を求めよ。

② 取り出した球の色が異なる確率を求めよ。

③ 2個の球の色が異なるときは5点、同じときは−3点を得点するとき、得点の期

待値を求めよ。

(3) 1から10までの整数が1つずつ書かれた10個の球が袋に入っている。

袋から2個同時に取り出して、書かれた数の和をAとする。

① Aが6以下になる確率を求めよ。

② Aが6以下の時の得点を $10-A$、Aが7以上の時の得点を3とするとき、得点の

期待値を求めよ。

★ 가위바위보 문제〔じゃんけんの問題〕

출제된 적은 없지만 언급해 두기로 한다. 가위바위보 문제에서는 '①누가 이기는가?'와 '②무슨 손(가위, 바위, 보)으로 이기는가?' 이 두 가지를 생각해야 한다.

◉ 예

4人がじゃんけんをするとき、次の確率を考えよう。

(1) 1人が勝つ　　(2) 2人が勝つ　　(3) あいこ(勝負がつかない)

풀이 4人でじゃんけんをするとき、手の出し方は3^4通り(重複順列4−6参照)

(1) 4人のうち、どの1人が勝つか。…… $_4C_1 = 4$通り

　　どの手で勝つか。…… 3通り

　　したがって、1人が勝つ確率は $\dfrac{4 \times 3}{3^4} = \dfrac{4}{27}$

　　(「Aが勝つ、特定の1人が勝つ」などの場合は「誰が」を数える必要はなく、

　　「どの手で」だけを考えて $\dfrac{3}{3^4} = \dfrac{1}{27}$ である。)

(2) どの2人が勝つか。…… $_4C_2 = 6$

　　したがって $\dfrac{6 \times 3}{3^4} = \dfrac{2}{9}$

(3) あいこになるのには2つの場合がある。

　　① 4人が同じ手を出す。…… 3通り

　　② 2人が同じ手で、他の2人が異なる手を出す。

　　　　グー、グー、チョキ、パー $\dfrac{4!}{2!} = 12$通り

　　　　グー、チョキ、チョキ、パー／グー、チョキ、パー、パーの場合も各12通りで

　　　　計36通り

　　　　したがって、あいこになる確率は $\dfrac{3+36}{3^4} = \dfrac{13}{27}$

　　※ 3人が勝つ確率を(1)、(2)と同様に考えて $\dfrac{_4C_3 \times 3}{3^4} = \dfrac{4}{27}$ と求め、

　　　$1 - \left(\dfrac{4}{27} + \dfrac{2}{9} + \dfrac{4}{27} \right) = \dfrac{13}{27}$ と余事象で考えてもよい。

3 조건부 확률(条件付き確率)

出題された적은 없지만, 出題 범위에 포함되어 있으므로 대표적인 예를 점검해 둔다.

♀ 예 1

事象Aが起る確率を$P(A)$と表す。

事象Aが起ったという条件のもとで事象Bが起る確率を「事象Aが起ったときの事象Bの起る条件付き確率」といい、$P_A(B)$と表す。

$$P_A(B)=\frac{P(A\cap B)}{P(A)}$$

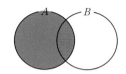

♀ 예 2

$1\sim10$の10個の整数から1個を選ぶとき、それが偶数である(A)という条件のもとで3の倍数である(B)の確率

$P(A)=\dfrac{5}{10}=\dfrac{1}{2}$(偶数である確率)

$P(A\cap B)=\dfrac{1}{10}$(偶数であり、かつ3の倍数である$(=6)$確率)

$P_A(B)=\dfrac{\dfrac{1}{10}}{\dfrac{1}{2}}=\dfrac{1}{5}$

Aが起る場合の数を$n(A)$と表すと

$A=\{2,\ 4,\ 6,\ 8,\ 10\}$　$n(A)=5$

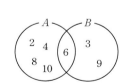

$B=\{3,\ 6,\ 9\}$　$A\cap B=\{6\}$　$n(A\cap B)=1$ であり

$P_A(B)=\dfrac{n(A\cap B)}{n(A)}=\dfrac{1}{5}$ と考えてもよい。

10本中3本が当りのくじを、X、Yの順に1本ずつ引く(引いたくじは元に戻さない)。Yが当りを引いた(A)という条件のもとで、Xが当りを引いていた(B)確率。

当りを○、はずれを⊗で表す。

$P(A) = \dfrac{3}{10} \times \dfrac{2}{9} + \dfrac{7}{10} \times \dfrac{3}{9} = \dfrac{3}{10}$ (Yが当り)

$P(A \cap B) = \dfrac{3}{10} \times \dfrac{2}{9} = \dfrac{1}{15}$ (XもYも当り)

したがって $P_A(B) = \dfrac{\dfrac{1}{15}}{\dfrac{3}{10}} = \dfrac{2}{9}$

(事象Aにあたるものが時間的に後でもよい。)

日本学生支援機構「平成19年度日本留学試験(第1回)」「数学1-Ⅱ-問2」(凡人社)

4-2 袋の中に白球1個と赤球5個と青球4個が入っている。白球には0の数字が、赤球には1, 2, 3, 4, 5の数字が、青球には6, 7, 8, 9の数字がそれぞれ一つずつ書かれている。この袋の中から2個の球を同時に取り出すとき、次の問いに答えよ。

(1) 取り出された2個の球が同じ色である確率は $\dfrac{\boxed{JK}}{\boxed{LM}}$ である。

(2) 取り出された2個の球が異る色で、ともに偶数である確率は $\dfrac{\boxed{N}}{\boxed{OP}}$ である。

ここで、0は偶数である。

(3) 取り出された2個の球のうち、青球の個数の期待値は $\dfrac{\boxed{Q}}{\boxed{R}}$ である。

4-3 袋の中に赤球、青球、黄球がそれぞれ2個ずつ、合計6個の球が入っている。この袋の中身をよくかきまぜ、袋の中から球を1個ずつ取り出す作業を行う。ただし、取り出した球は袋の中に戻さないものとする。すでに取り出された球と同じ色の球が取り出された時点で、この作業を止める。

k回目の作業が最後の作業であるとする。kのとりうる値の範囲は

$$\boxed{A} \leq k \leq \boxed{B}$$

である。

(1) $k = \boxed{A}$ となる確率は $\dfrac{\boxed{C}}{\boxed{D}}$ である。

(2) $k = \boxed{A} + 1$ となる確率は $\dfrac{\boxed{E}}{\boxed{F}}$ である。

(3) 回数kの期待値は $\dfrac{\boxed{GH}}{\boxed{I}}$ である。

4-4

1つの箱に、n個の赤球と$(20-n)$個の白球が入っている。ただし、$0<n<20$とする。この箱から1球取り出し、その球の色を調べて元の箱に戻すという試行を繰り返す。

(1) 1回の試行で赤球が取り出される確率をxとすると $x=\dfrac{n}{\boxed{AB}}$ である。

(2) この試行を2回繰り返したとき、少なくとも1回は白球が出る確率をpとおく。このときpを(1)のxを用いて表すと $p=\boxed{C}-x^{\boxed{D}}$ となる。

(3) この試行を4回繰り返したとき、少なくとも2回は白球が出る確率をqとおく。このときqを(1)のxを用いて表すと

$$q=\boxed{E}-\boxed{F}x^{\boxed{G}}+\boxed{H}x^{\boxed{I}}$$

となる。

(4) (2), (3)のp, qについて、$p<q$ となるようなnの最大値を求めよう。

$p<q$ より、不等式

$$\boxed{J}x^2-\boxed{K}x+1>0$$

を得る。これを解くと

$$x<\dfrac{1}{\boxed{L}}$$

となるから、nの最大値は $\boxed{M}$ である。

실력을 키우는 저자 메모 ✏️

'정수의 성질'이 EJU 과정에 들어온 것은 2015년부터 입니다. 다른 영역에 비해 출제 시기가 짧아 기출문제수 또한 적습니다. 따라서 제5장에서는 '정수의 성질'과 관련된 전반적인 내용을 다루었습니다. 한편, 기출 문제의 예가 적기 때문에 본서에서는 일본 내 각 대학의 입시 문제에 출제된 기출문제를 참고하여 만듦으로써 최대한 일본유학시험 적응도를 높였습니다.

1 약수와 배수(約数と倍数)

★ **최대공약수, 최소공배수(最大公約数、最小公倍数)**

두 개의 자연수 A, B의 최대공약수가 G, 최소공배수가 L일 때, A, B는 a, b를 공약수를 갖지 않는(互いに素な) 자연수로서 $A=Ga$, $B=Gb$로 나타낼 수 있다. 이 때 $L=Gab$

ex) $A=12$, $B=18$

$A=6 \times 2$, $B=6 \times 3$ 최대공약수는 6(2와 3은 互いに素)

최소공배수는 $6 \times 2 \times 3 = 36$

📍 **예제 5-1**

2つの自然数 A, B $(A<B)$ の積が588、最大公約数が7であるとき、自然数の組 (A, B)をすべて求めよ。

▌**풀이** A, Bは、互いに素な自然数 a, bを用いて

$A=7a$, $B=7b$と表せる。

$(a<b)$

$AB=588$に代入して

$49ab=588$より $ab=12$

a, bは互いに素で $a<b$だから ($a=2$, $b=6$は不可)

① $a=1$, $b=12$ または　　② $a=3$, $b=4$

① ⟶ $A=7$, $B=84$　　② ⟶ $A=21$, $B=28$ $(A, B)=(7, 84), (21, 28)$

(1) 2つの自然数 A, $B(A<B)$ の和が132, 最小公倍数が336である。

最大公約数 G と A, B を求めよ。

(2) $4n+3$ が $2n^2+6$ の約数となるような自然数 n を求めよ。

[ヒント] $4n+3=a$ とおいて、$2n^2+6$ を a の式で表す ……①

a は $2n^2+6$ の約数だから、k を自然数として

$2n^2+6=ak$ と表せる ……②

①②より、a を求める。

★ 약수의 개수와 그 합〔約数の個数とその和〕

다음과 같은 문제가 있다고 하자.

360의 약수의 개수 n과 모든 약수의 합 S는?

하나씩 열거하거나 더하고 있다가는 한도 끝도 없다.

이런 경우는 소인수분해하여 $360=2^3 \times 3^2 \times 5$로부터 다음과 같은 식을 만든다.

$(1+2+2^2+2^3)(1+3+3^2)(1+5)$ ……①

이 식을 전개하면 360의 약수가 $1 \times 1 \times 1$에서 $2^3 \times 3^2 \times 5$까지 모두 한 번씩 나온다. 전개하여 나오는 항의 수가 약수의 개수이므로, $n=4 \times 3 \times 2=24$개.

또 ①은 그 모든 합이 되므로

$S=(1+2+2^2+2^3)(1+3+3^2)(1+5)$

$=15 \times 13 \times 6$

$=1170$

2 유클리드 호제법(ユークリッドの互除法)

★ 호제법의 원리(互除法の原理)

자연수 n을 자연수 p로 나누어, 몫(商)이 q, 나머지(余り)가 r일 때, $n \div p = q$ 나머지 r

즉 $n = pq + r$ ……①일 때, n과 p의 공약수는 p와 r의 공약수와 같다.

a와 b의 공약수를 (a, b)로 나타낸다면 $(n, p) = (p, r)$

∵ i) d가 n과 p의 공약수라고 한다면

$r = n - pq$로 d는 r의 약수이고, d는 p와 r의 공약수이다.

ii) d가 p와 r의 공약수라고 한다면 ①에 의거하여 d는 n의 약수, 즉 d는 n과 p의 공약수이다.

♀ 예제 5-2

3059と2337の最大公約数を求めよ。

풀이 $3059 \div 2337 = 1$ 나머지 722 $(3059, 2337)$

$2337 \div 722 = 3$ 나머지 171 $= (2337, 722)$

$722 \div 171 = 4$ 나머지 38 $= (722, 171)$

$171 \div 38 = 4$ 나머지 19 $= (171, 38)$

$38 \div 19 = 2$ (割り切れた) $= (38, 19)$

したがって、最大公約数は19 $(3059 = 19 \times 161, 2337 = 19 \times 123)$

途中の計算は次のようにもできる

（右から左に進める）

$$
\begin{array}{ccccc}
 & 2 & 4 & 4 & 3 & 1 \\
19\overline{)38} & & 171 &)722 &)2337 &)3059 \\
 & 38 & 152 & 684 & 2116 & 2337 \\
\hline
 & 0 & 19 & 38 & 171 & 722
\end{array}
$$

A⁺ 연습문제 5-2

互除法によって、323と884の最大公約数を求めよ。

★ 부정 방정식(不定方程式) ① − $ax+by=1$型

호제법(互除法)은 부정 방정식을 푸는 데 도움이 되는 일이 있다.

⦿ 예제 5-3

$42x+29y=1$を満たす整数解を一組求めよ。

풀이 $42 \div 29 = 1$ 나머지 $13 \longrightarrow 42 = 29 \times 1 + 13 \longrightarrow 13 = 42 - 29 \times 1$

$\qquad 29 \div 13 = 2$ 나머지 $3 \longrightarrow 29 = 13 \times 2 + 3 \longrightarrow 3 = 29 - 13 \times 2$

$\qquad 13 \div 3 = 4$ 나머지 $\underline{1} \longrightarrow 13 = 3 \times 4 + 1 \longrightarrow 1 = 13 - 3 \times 4$

(나머지가 1이 될 때까지 계속한다.)

$\qquad\qquad\qquad\qquad\qquad\qquad\qquad\qquad = 13 - (29 - 13 \times 2) \times 4$

$\qquad\qquad\qquad\qquad\qquad\qquad\qquad\qquad = 13 - 29 \times 4 + 13 \times 8$

$\qquad\qquad\qquad\qquad\qquad\qquad\qquad\qquad = 13 \times 9 - 29 \times 4$

$\qquad\qquad\qquad\qquad\qquad\qquad\qquad\qquad = (42 - 29 \times 1) \times 9 - 29 \times 4$

$\qquad\qquad\qquad\qquad\qquad\qquad\qquad\qquad = 42 \times 9 - 29 \times 9 - 29 \times 4$

$\qquad\qquad\qquad\qquad\qquad\qquad\qquad\qquad = 42 \times 9 - 29 \times 13$

$\qquad\qquad\qquad\qquad\qquad\qquad\qquad\qquad = 42 \times 9 + 29 \times (-13)$

したがって、整数解の一組は $(x, y) = (9, -13)$

연습문제 5-3

$19x - 24y = 1$を満たす整数解を一組求めよ。

※ 〈예제5-3〉の一般解は次のように求めることもできる。(a, b, c, dは整数)

$\qquad 42x + 29y = 1$

$\qquad\qquad 29y = -42x + 1 \ \cdots\cdots ①$

$\qquad\qquad\qquad = -58x + 16x + 1 \qquad 16x + 1$は 29の倍数

$\qquad 16x + 1 = 29a$とおく

$\qquad\qquad 16x = 29a - 1 \ \cdots\cdots ②$

$\qquad\qquad\qquad = 16a + 13a - 1 \qquad 13a - 1$は 16の倍数

$13a-1=16b$ とおく

$13a=16b+1$ ……③

$\quad\quad =13b+3b+1$ $\quad\quad\quad\quad$ $3b+1$ は 13の倍数

$3b+1=13c$ とおく

$3b=13c-1$ ……④

$\quad\quad =12c+c-1$ $\quad\quad\quad\quad$ $c-1$ は 3の倍数

$c-1=3d$ とおく

$1\cdot c=3d+1$ ……⑤

⑤ $\longrightarrow$ ④ $\quad 3b=13(3d+1)-1$

$\quad\quad\quad\quad =13\cdot 3d+12$ $\Big\}\div 3$

$\quad\quad\quad b=13d+4$

③に代入 $\quad 13a=16(13d+4)+1$

$\quad\quad\quad\quad =16\cdot 13d+65$ $\Big\}\div 13$

$\quad\quad\quad a=16d+5$

②に代入 $\quad 16x=29(16d+5)-1$

$\quad\quad\quad\quad =29\cdot 16d+144$ $\Big\}\div 16$

$\quad\quad\quad x=29d+9$

①に代入 $\quad 29y=-42x+1$

$\quad\quad\quad\quad =-42(29d+9)+1$

$\quad\quad\quad\quad =-42\cdot 29d-377$ $\Big\}\div 29$

$\quad\quad\quad y=-42d-13$

したがって、一般解は $\quad x=29d+9, y=-42d-13 (d は整数)$

$d=0 \quad\quad x=9 \quad\quad y=-13$
$d=1 \quad\quad x=38 \quad\quad y=-55$
$d=-1 \quad\quad x=-20 \quad\quad y=29$
$\quad\vdots \quad\quad\quad\quad \vdots \quad\quad\quad\quad \vdots$

★ 부정 방정식〔不定方程式〕② − $ax+by=c$ 型

この形は、解の一組が思い浮かべば容易に一般解を導ける。

♀ 예제 5-4

$7x-5y=12$ を満たす整数解を(すべて)求めよ。

풀이 整数解の一組 $x=1$, $y=-1$ が浮かべば*

$$7x-5y=12$$
$$-)\ 7\cdot1-5(-1)=12$$
$$\overline{7(x-1)-5(y+1)=0}\ より$$

$7(x-1)=5(y+1)$ 7と5は互いに素だから

$x-1$ は5の倍数、$y+1$ は7の倍数。k を整数として

$x-1=5k$, $y+1=7k$ とおける。

これより、$x=5k+1$, $y=7k-1$ が、この方程式の一般解である。

($k=0 \longrightarrow x=1$, $y=-1$, $k=-1 \longrightarrow x=-4$, $y=-8$, ……)

* $x=6$, $y=6$ が浮かべば

　$x=5k+6$, $y=7k+6$ が導かれるが

　$x=5(k+1)+1$, $y=7(k+1)-1$ とすれば、結局同じことである。

A⁺ 연습문제 5-4

(1) 7로 나누면 2 남고、11로 나누면 3 남는 300 이하의 자연수를 모두 구하여라.

(2) $a+11$ 이 5의 배수、$a+10$ 이 3의 배수가 되는 자연수 a 중、30 이하인 것을 모두 구하여라.

[힌트] 자연수 m, n을 이용해, a를 두 가지로 나타내고, 거기에서 얻어지는 부정 방정식을 풀면 된다.

★ 부정 방정식(不定方程式)③ - $xy + ax + by = c$ 型 等の整数解

変形して積の形を作り、x, yが整数であるという条件を考える。

⦿ 예제 5-5

$xy + 3x + 2y + 1 = 0$を満たす整数x, yの組をすべて求めよ。

풀이 $xy + 3x + 2y + 6 = 5$

$(x+2)(y+3) = 5$と変形する。

x, yは整数だから

$x+2$	1	5	-1	-5
$y+3$	5	1	-5	-1

の4組がこの式を満たす。

したがって、$(x, y) = (-1, 2), (3, -2), (-3, -8), (-7, -4)$

A⁺ 연습문제 5-5

次の方程式を満たす整数x, yの組をすべて求めよ。

(1) $3xy - 2x - y = 2$

(2) $\dfrac{1}{x} - \dfrac{1}{y} + \dfrac{3}{xy} = 1 \, (x \neq 0, \, y \neq 0)$

(3) 自然数m, nの最大公約数は6である。m, nの最小公倍数をLとし、

$5m - 3n = L - 6$ ……①が成り立つようなm, nを求めよ。

★ 소수라는 조건 [素数という条件]

◉ 예제 5-6

n을 自然数とする。 n^4+4が素数であるとき、その素数を求めよ。

풀이 $n^4+4=n^4+4n^2+4-4n^2$

$\qquad =(n^2+2)^2-(2n)^2$

$\qquad =(n^2+2+2n)(n^2+2-2n)$ ……① (이 인수분해는 잘 기억해 두자.)

nは自然数で $n^2+2+2n>n^2+2-2n$

①の右辺(積)が素数であるなら、小さい方は1である。

$n^2+2-2n=1$

$(n-1)^2=0$ より $n=1$ したがって $n^4+4=1^4+4=5$ (素数)

연습문제 5-6

$n^2-20n+91$の値が素数となるような自然数nを求めよ。

★ 자연수라는 조건〔自然数という条件〕

다음의 예는 꽤 어렵다.

자연수라는 조건을 어떻게 살릴 것인지, 문자 수를 줄이려면 어떻게 해야 할지를 한 행 한 행 음미하듯이 살펴보자.

◉ 예

a, b, c는 自然数で、$1 < c < b < a$である。

$1 < \dfrac{1}{a} + \dfrac{1}{b} + \dfrac{1}{c}$ を満たす自然数の組を求めよ。

풀이 $c < b < a$ より

$\dfrac{1}{a} < \dfrac{1}{b} < \dfrac{1}{c}$　すなわち　$\dfrac{1}{a} < \dfrac{1}{c}$, $\dfrac{1}{b} < \dfrac{1}{c}$ だから

$1 < \dfrac{1}{a} + \dfrac{1}{b} + \dfrac{1}{c} < \dfrac{1}{c} + \dfrac{1}{c} + \dfrac{1}{c} = \dfrac{3}{c}$

$1 < \dfrac{3}{c}$ より $c < 3$　$1 < c < 3$ を満たすcは $c = 2$

$c = 2$ だから、元の式は

$1 < \dfrac{1}{a} + \dfrac{1}{b} + \dfrac{1}{2}$　すなわち　$\dfrac{1}{2} < \dfrac{1}{a} + \dfrac{1}{b}$

$\dfrac{1}{a} < \dfrac{1}{b}$ だから、同様に

$\dfrac{1}{2} < \dfrac{1}{a} + \dfrac{1}{b} < \dfrac{1}{b} + \dfrac{1}{b} = \dfrac{2}{b}$

$\dfrac{1}{2} < \dfrac{2}{b}$ より $b < 4$　$c = 2 < b < 4$ だから $b = 3$

$b = 3, c = 2$ で 元の式は

$1 < \dfrac{1}{a} + \dfrac{1}{3} + \dfrac{1}{2}$　すなわち　$\dfrac{1}{6} < \dfrac{1}{a}$ より $a < 6$

$b = 3 < a < 6$ を満たす aは $a = 4, 5$

したがって $(a, b, c) = (4, 3, 2), (5, 3, 2)$

$\left(\dfrac{1}{4} + \dfrac{1}{3} + \dfrac{1}{2} = \dfrac{13}{12} > 1, \ \dfrac{1}{5} + \dfrac{1}{3} + \dfrac{1}{2} = \dfrac{31}{30} > 1 \right)$

★ n진법〔n進法〕

우리가 흔히 사용하는 10진법의 자리매김은

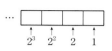

ex) $3605 = 10^3 \times 3 + 10^2 \times 6 + 10 \times 0 + 5$이고、$n$진법은 10을 n으로 바꿔 넣기만 하면 된다.

2진법   5진법

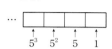

10진법에 10을 나타내는 하나로 된 숫자가 없는 것처럼, 2진법에 사용되는 숫자는 0과 1이고, 5진법에서 사용되는 숫자는 0, 1, 2, 3, 4이다.

♀ 예제 5-7

10進法で2169と表される数を何進法で表すと999になるか

풀이 n進法であるとすると ($n \geqq 10$)

$$n^2 \times 9 + n \times 9 + 9 = 2169$$
$$9n^2 + 9n - 2160 = 0$$
$$n^2 + n - 240 = 0$$
$$(n-15)(n+16) = 0$$
$$n \geqq 10 だから \quad n = 15 \qquad (2169_{(10)} = 999_{(15)})$$

A+ 연습문제 5-7

ある自然数Nを3進法と5進法で表すと、どちらも2桁になり、各位の数の並び方が逆になる*という。この数を10進法で表せ。(*10進法なら、ex) 26と62)

日本学生支援機構「平成28年度日本留学試験(第2回)」「数学1-Ⅲ」(凡人社)

5-1

(1) 次の問いに答えなさい。

（ⅰ）aを整数とする。aを5で割ると4余る。このとき、aは

$$a=\boxed{A}k+\boxed{B}\ (k\text{は整数})$$

と表される。したがって、a^2を5で割ると余りは $\boxed{C}$ である。

（ⅱ）3進法の3桁で表される数 $120_{(3)}$ を10進法で表すと $\boxed{DE}$ である。

また、3進法の3桁で表される最大の自然数を10進法で表すと $\boxed{FG}$

であり、最小の自然数を10進法で表すと $\boxed{H}$ である。

(2) 次の文中の $\boxed{I}$、$\boxed{J}$ には、下の ⓪～③ の中から適するものを選びなさい。

以下、aを整数、bを自然数とする。

（ⅰ）「aを5で割ると余りは4である」は、「a^2を5で割ると余りは

$\boxed{C}$ である」ための $\boxed{I}$。

（ⅱ）「bは $6\leqq b\leqq 30$を満たす」は、「bを3進法で表すと3桁である」ため

の $\boxed{J}$。

⓪ 必要条件であるが、十分条件ではない

① 十分条件であるが、必要条件ではない

② 必要十分条件である

③ 必要条件でも十分条件ではない

5-2 n は正の整数、x, y は負でない整数とし、次の x, y の方程式を考える。

$$x^2 - y^2 = n \ \cdots\cdots ①$$

このとき、①の解を調べよう。

まず、①を変形して

$$(x+y)(x-y) = n \ \cdots\cdots ②$$

を得る。

(1) $n=8$ および $n=9$ のとき、①の解 (x, y) を求めると

$n=8$ のとき、$(x, y) = (\boxed{A}, \boxed{B})$ であり、

$n=9$ のとき、$(x, y) = (\boxed{C}, \boxed{D}), (\boxed{E}, \boxed{F})$ である。

ただし、$\boxed{C} < \boxed{E}$ となるように答えなさい。

(2) 次の文中の $\boxed{G} \sim \boxed{R}$ には、下の選択肢 ⓪〜⑨ の中から適するものを選びなさい。

次の文章は、下の条件③が、①が解をもつための必要十分条件であることの証明である。

[証明] まず、(x, y) が ① を満たすとする。

x, y がともに偶数かともに奇数であれば、$x+y$ および $x-y$ は $\boxed{G}$ である。

よって、②より、n は $\boxed{H}$ の倍数となる。

次に、x, y の一方が偶数で、他方が奇数であれば、$x+y$ および $x-y$ は $\boxed{I}$ であるから、n は $\boxed{J}$ である。

したがって

「n が $\boxed{H}$ の倍数か、または $\boxed{J}$ である。」……③

は、①が解をもつための必要条件である。

逆に、n が条件 ③ を満たすとする。

n が $\boxed{H}$ の倍数であれば、$n = \boxed{H}k$(k は正の整数)と表される。

そこで、例えば、$x+y = \boxed{K}k, x-y = 2$ とすれば、

$(x, y) = (k+\boxed{L}, k-\boxed{M})$ となるので、①は解をもつことになる。

また、n が $\boxed{J}$ であれば、$n = \boxed{N}l + \boxed{O}$($l$ は負でない整数)と表される。そこで、例えば、$x+y = \boxed{P}l + \boxed{Q}$、$x-y = 1$ とすれば、

$(x, y) = (l+\boxed{R}, l)$ となるので、①は解をもつことになる。

以上から、①が解をもつための必要十分条件は③である。

⓪ 0	① 1	② 2	③ 3	④ 4
⑤ 5	⑥ 6	⑦ 偶数	⑧ 奇数	⑨ 素数

실력을 키우는 저자 메모 ✏️

'도형'은 곧 '그림'입니다. 그림이 주어지지 않은 경우라도 주어진 조건에 맞는 그림을 직접 그려 보는 것이 가장 중요합니다. 특히나 공간 도형은 3차원(입체)을 2차원(평면, 즉 종이)에 그리는 것이므로 어려움이 따르겠지만, 자꾸 그리다 보면 익숙해지고 익숙해지면 문제를 풀기가 쉬워집니다.

1 평면 도형(平面図形)

1 삼각형의 성질(三角形の性質)

★ 닮음비, 면적비(相似比, 面積比)

하나의 그림 안에 복수의 닮은 삼각형이 중복되어 있는 경우, 따로따로 떼어 같은 방향으로 늘어놓으면 대응하는 변이나 각을 알아보기 쉬워진다.

또 닮은 도형과 밑변(또는 높이)만 같은 도형의 면적비를 혼동하지 않도록 주의하자.

◉ 예제 6-1

(1) 左の図で $AE=9$, $CE=BD=4$, $CD=2\sqrt{14}-2$であるとき $\dfrac{DE}{AB}$ を求めよ。

(2) $AD /\!/ BC$の台形 $ABCD$で $AD=8$, $BC=12$, 対角線の交点をE, $\triangle AED$ の面積を20とするとき、次の面積を求めよ。

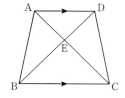

① $\triangle ECB$.　　　　② 台形$ABCD$

풀이 (1)

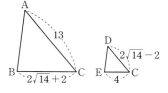

条件より $AC=13$, $BC=2\sqrt{14}+2$

$13\times4=(2\sqrt{14}-2)(2\sqrt{14}+2)=52$より

$13:(2\sqrt{14}-2)=(2\sqrt{14}+2):4$が得られ、

$\triangle ABC \backsim \triangle DEC$　$\dfrac{DE}{AB}=\dfrac{DC}{AC}=\dfrac{2\sqrt{14}-2}{13}$

(2) ① $AD:BC=2:3$ (相似比)

$\triangle AED:\triangle ECB=2^2:3^2=4:9$

$\triangle ECB=\dfrac{9}{4}\triangle AED=\dfrac{9}{4}\times20=45$

② $\triangle AED \backsim \triangle CEB$より $DE:BE=2:3$

$$\triangle \text{EAD} : \triangle \text{EAB} = \text{DE} : \text{BE} = 2 : 3$$

$$\triangle \text{EAB} = \frac{3}{2} \times 20 = 30 \quad \text{同様に} \quad \triangle \text{ECD} = 30$$

$$\text{台形 ABCD} = 20 + 45 + 30 \times 2 = 125$$

A⁺ 연습문제 6-1

(1) $\triangle$ABCで AB=7, CA=8, $\cos A = \dfrac{2}{7}$

∠BAD=∠C, ∠CAE=∠Bとする。

BCを求め、

面積比 $\triangle$ABC：$\triangle$ABD：$\triangle$ACEを求めよ。

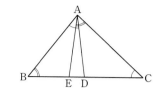

(2) 円に内接する四角形で

AB=1, BC=CD=$\sqrt{2}$, DA=3, BDは直径である。

DA と CBの延長の交点をEとするとき、

EBを求めよ。

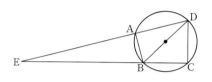

(3) $\triangle$ABCで AB=4, AC=3

$\cos A = \dfrac{3}{8}$ である。B, Cにおける外接円の

接線の交点をPとするとき、

PO, PBを求めよ。(Oは外心である。)

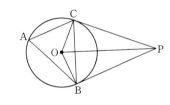

(4) $\triangle$ABCの ∠Aの二等分線と BCの交点をDとする。

Aを通り、Dで BCと接する円が、AB, ACと交わる

点をP, Qとする。BP=2, BD=4であるとき、

APを求め、面積比 $\triangle$DPQ：$\triangle$APQ：$\triangle$ABCを求めよ。

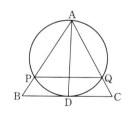

★ 각의 이등분선〔角の二等分線〕

△ABC에서 BC(또는 그 연장선)상의 점을 P라 하고,

AP가 ∠A(또는 그 외각)의 이등분선일 때,

AB : AC=BP : CP.

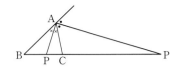

◉ 예제 6-2

△ABCで AB=6, AC=7, $\cos A=\dfrac{1}{4}$ であるとき、

∠Aの二等分線とBCの交点をPとして、BPを求めよ。

풀이 $BC^2=6^2+7^2-2\cdot6\cdot7\cdot\dfrac{1}{4}=64$ より BC=8

BP : CP=6 : 7だから

$BP=\dfrac{6}{13}BC=\dfrac{48}{13}$

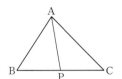

A⁺ 연습문제 6-2

(1) AB=2, BC=4, CA=3の△ABCで

∠Aの二等分線と BCの交点をPとするとき、

BP, APを求めよ。

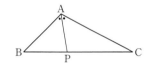

(2) AB=5, BC=4, CA=3の △ABCで、

∠Aの二等分線とBCの交点をP、

∠Aの外角の二等分線とBCの

延長の交点をQとするとき、PQを求めよ。

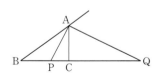

※ 이 성질은 반대로도 성립한다. 2016년 제2회 시험에서 출제되었으므로 설명해 둔다.

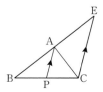

△ABCで BP : CP=AB : ACであるとする。

AB=a, AC=bとすれば、

BP=ka, CP=kbと表せる(kは正の実数)。

ABの延長上にAP∥ECとなるような点Eをとると、

BA：AE＝BP：CP＝ka：kb＝a：b

BA＝aだから、 AE＝b

△ACEは二等辺三角形であり、∠E＝∠ACE

∠E＝∠BAP（AP∥ECの同位角）

∠ACE＝∠CAP（AP∥ECの錯角）

したがって、∠BAP＝∠CAPで、APは∠Aの二等分線である。

★ 삼각형의 변의 길이의 관계（三角形の辺の長さの関係）

● a, b, c가 삼각형의 세 변의 길이가 되는 조건.

$a>b+c$, $b>a+c$, $c>a+b$

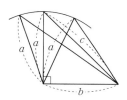

● $a^2+b^2=c^2$ ⟸ 직각삼각형

$a^2+b^2>c^2$ ⟸ 예각삼각형

$a^2+b^2<c^2$ ⟸ 둔각삼각형

A⁺ 연습문제 6-3

辺の長さが $a=x+1$, $b=3$, $c=2x-1$である △ABCについて、次のものを求めよ。

(1) 三角形が成り立つためのxの値の範囲。

(2) △ABCが正三角形となるxの値。

(3) ∠Cが最大角となるためのxの値の範囲。

(4) ∠Cが鈍角となるためのxの値の範囲。

(5) ∠C＝120°となるときのa, cの値。

★ 중선 정리(中線定理)

출제된 적은 없다. 단, cos정리로 대용할 수 있지만, 여유가 있다면 익혀 두자.

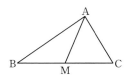

BCの中点をM(AMは中線)とすれば

$$AB^2 + AC^2 = 2(AM^2 + BM^2)$$

A⁺ 연습문제 6-4

$\triangle ABC$で $\angle A = 60°$, $AB = 6$, $AC = 4$のとき、MをBCの中点として AMを求めよ。

※딱 맞는 항목이 없어 이름을 붙이기 애매하지만, 다음과 같은 문제가 출제된 예도 있다.

> $\triangle ABC$で $BC = 14$, $\cos B = \dfrac{3}{5}$, $\cos C = \dfrac{5}{13}$ であるとき、
>
> $\sin B$, $\sin C$, AB, ACを求めよ。

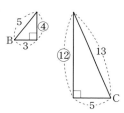

図より $\sin B = \dfrac{4}{5}$, $\sin C = \dfrac{12}{13}$

左の三角形を 3倍して、12の辺を

合わせると、1つの三角形になる。

このとき、BCがちょうど14になる*。

$AB = 15$, $AC = 13$

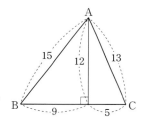

*ならない場合は、14と比較し何倍かすればよい。

A⁺ 연습문제 6-5

$\triangle ABC$で $\sin B = \dfrac{1}{4}$, $\sin C = \dfrac{\sqrt{5}}{5}$, $AB = 8$であるとき、AC, BCを求めよ。

2 원의 성질(円の性質)

★ 원주각 · 중심각(円周角・中心角)

A⁺ 연습문제 6-6

(1) 次の各図で $\angle x$, $\angle y$ の大きさを求めよ。

①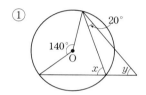

②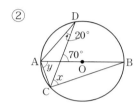

(2) 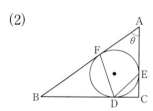 AB=5, BC=4, CA=3の $\triangle$ ABCに

円が内接している。(D, E, Fは接点)

① 内接円の半径を求めよ。

② $\angle$A$=\theta$とするとき、$\angle$FDEを θ の式で表せ。

★ 원에 내접하는 사각형(円内接四角形)

서로 마주보는 각의 합 : $\alpha+\beta=180°$

이 때, $\sin\beta=\sin\alpha$

$\cos\beta=-\cos\alpha$

A⁺ 연습문제 6-7

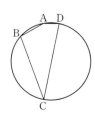

AB=5, BC=13, CD=15, DA=3の四角形 ABCDが円に内接している。

(1) $\cos A$を求めよ。

(2) 四角形 ABCDの面積 S を求めよ。

★ 접선⊥접점을 통과하는 반지름, 원 밖에서의 두 접선은 같은 길이
〔接線⊥接点を通る半径、円外からの２接線は等長〕

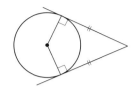

A⁺ 연습문제 6-8

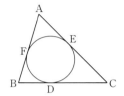

AB＝6, AC＝8, ∠A＝60°の △ABCの

内接円が辺BCと接する点をDとする。

BDを求めよ。

★ 접현 정리〔接弦定理〕

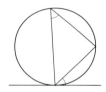

접선과 접점을 통과하는 현이 만드는 각은 그 현에 대한

호의 원주각과 같다.

A⁺ 연습문제 6-9

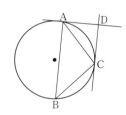

AC＝BC＝8の △ABCが半径6の円に内接している。

A, Cにおける接線の交点をDとするとき、ADを求めよ。

★ 방멱 정리(方べきの定理)

 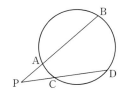 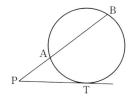

P가 원 안에서도 원 밖에서도

$PA \cdot PB = PC \cdot PD$

한쪽이 접선인 경우(접점: T)

$PA \cdot PB = PT^2$

A⁺ 연습문제 6-10

(1)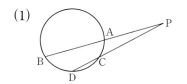

左の図で $PA=AB=4$, $CD=2$である。PCを求めよ。

(2)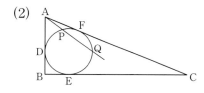

$AB=5$, $BC=12$, $CA=13$の直角三角形に、半径2の円が内接している(接点D, E, F)。Aから内接円と2点P, Qで交わる直線をひくとき、$AP \cdot AQ$を求めよ。

★ 두 개의 원 [2つの円]

2017년 제2회 시험에 출제된 적이 있으므로, 요점을 간단히 정리해 둔다.

두 원의 위치 관계는 반지름이 다를 경우, 아래 그림의 다섯 가지 형태가 있다.
공유점의 개수는 왼쪽부터 0, 1, 2, 1, 0개이다.

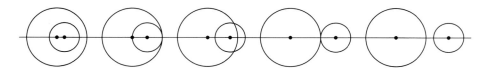

위의 도형들은 두 원의 중심을 연결하는 직선에 대해 대칭이라는 사실을 잊지 말자.
예를 들어 아래 그림에서 두 원의 중심을 O, O′, 두 원의 교점을 A, B, AB와 OO′의 교점을 H라고 한다면, AB⊥OO′, AH=BH(OO′은 AB의 수직이등분선) 등.

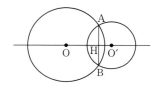

2 공간 도형(空間図形)

다음의 두 〈예제〉는 원래 제 3장의 2. 삼각비와 도형 ② 도형의 계량(공간 도형의 응용을 포함)에 배치해야 하지만, 여기에서 다루기로 했다. 더불어 교과과정의 공간 도형(직선과 평면, 다면체)에 대해서는 마지막에 다룰 '두 평면을 이루는 각' 이외에는 출제된 적이 없음을 밝힌다.

예 ①

底面の半径1、高さ $\sqrt{15}$ の直円錐を考える。

直円錐の頂点をO、底面の円周上の1点をAとする。

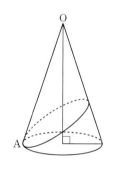

(1) この立体の展開図の側面になる扇形の中心角を
  求めよ。

(2) 点Aから出発して、側面上を移動し、Aに戻る道を
  考えるとき、その最短距離を求めよ。

풀이 (1) 母線の長さは $\sqrt{1^2+(\sqrt{15})^2}=4$

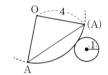

底面の円周は 2π で、扇形の弧の長さと等しい。

半径4の円の円周は 8π、扇形は円の

$\dfrac{2\pi}{8\pi}=\dfrac{1}{4}$ にあたるから、中心角は $360°\times\dfrac{1}{4}=90°$

(2) 道の最短距離は、展開図での直線距離、すなわち

直角をはさむ2辺が4の直角三角形の斜辺として

得られるから $\sqrt{4^2+4^2}=4\sqrt{2}$

図のような直方体ABCD−EFGHについて、

次の値を求めよ。

(1) ∠CAF＝θとするとき、$\cos\theta$

(2) △AFCの面積S

(3) 点Bから△AFCに下ろした垂線の長さl

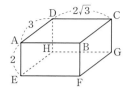

풀이 (1) ピタゴラスの定理で $AF=\sqrt{2^2+(2\sqrt{3})^2}=4$

$$FC=\sqrt{2^2+3^2}=\sqrt{13}$$

$$AC=\sqrt{3^2+(2\sqrt{3})^2}=\sqrt{21}$$

$$\cos\theta=\frac{4^2+(\sqrt{21})^2-(\sqrt{13})^2}{2\cdot4\sqrt{21}}=\frac{\sqrt{21}}{7}$$

(2) $\sin\theta=\sqrt{1-\left(\dfrac{\sqrt{21}}{7}\right)^2}=\dfrac{2\sqrt{7}}{7}$

$$S=\frac{1}{2}\cdot4\sqrt{21}\cdot\frac{2\sqrt{7}}{7}=4\sqrt{3}$$

(3) 三角錐B−AFCの体積は

△ABCを底面、BFを高さとして $\dfrac{1}{3}\cdot\dfrac{1}{2}\cdot3\cdot2\sqrt{3}\cdot2=2\sqrt{3}$

この体積を、△AFCを底面、高さをlとして考えると

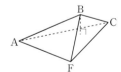

$\dfrac{1}{3}\cdot4\sqrt{3}\,l=2\sqrt{3}$ より

$l=\dfrac{3}{2}$

※ 두 개의 평면 P, Q가 직선 *l*로 교차할 때, 이 '두 평면이 이루는 각'은 다음과 같은 식으로 볼 수 있다는 사실도 염두에 두자.

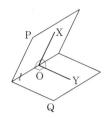

*l*상의 점 O을 통과하고 *l*⊥OX이 되는 반직선을 P상에,

l⊥OY이 되는 반직선을 Q상에 그어

∠XOY가 두 평면 P, Q가 이루는 각이다.

日本学生支援機構「平成18年度日本留学試験(第1回)」「数学1-III-問2」(凡人社)

6-1 辺BCを底辺とする二等辺三角形ABCを考え、三角形ABC
の内接円Oと辺AB, BC, CAとの接点をそれぞれD, E, F
とする。

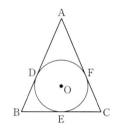

(1) 二等辺三角形ABCの底辺BCに対する高さが9で、内
接円Oの直径が5ならば

$$\text{AD}=\boxed{\text{K}}, \quad \text{AB}=\frac{\boxed{\text{LM}}}{\boxed{\text{N}}}, \quad \text{BC}=\frac{\boxed{\text{OP}}}{\boxed{\text{Q}}}$$

である。

(2) ∠A＝40°のとき、内接円Oの周上にD, Fとは異なる点Pをとると、∠DPF
の大きさは $\boxed{\text{RS}}$° または $\boxed{\text{TUV}}$° である。

6-2

3辺の長さが

$$AB=5, \quad BC=12, \quad CA=13$$

である直角三角形 ABCの内接円の中心を I とする。

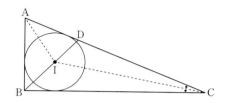

(1) $\angle AIC=$ KLM $^\circ$ である。また、内接円 I の半径は N である。

(2) BIの延長線と、辺 ACとの交点を D とすると

$$AD:DC=\boxed{O}:\boxed{PQ}, \quad BI:ID=\boxed{RS}:\boxed{TU}$$

である。ただし、比は最も簡単な整数の比で表しなさい。

(3) Cを通り内接円 I と 2 点で交わる任意の直線を引き、その 2 つの交点を P, Qとすると

$$CP \cdot CQ = \boxed{VWX}$$

である。

실전
모의시험

실력을 키우는 저자 메모 ✏️

이 책의 모든 학습을 마쳤다면 여기에 도전해 보세요. 실제 시험은 80분이 주어집니다. 이 책의 맨 뒤에 답안 용지가 있으므로, 답안 용지에 수험번호와 이름, 그리고 답을 표시하는 시간까지 포함하여 시간 내에 풀도록 노력해 봅시다.

시험이 끝난 후에는 반드시 답과 풀이를 대조해 보고, 틀린 문제를 확인한 후 부족한 부분을 본문으로 돌아가 복습하시기 바랍니다.

模擬試験

数学（80分）

【コース1（基本，Basic）】

Ⅰ　**試験全体に関する注意**

1．係員の許可なしに，部屋の外に出ることはできません。
2．この問題冊子を持ち帰ることはできません。

Ⅱ　**問題冊子に関する注意**

1．試験開始の合図があるまで，この問題冊子の中を見ないでください。
2．試験開始の合図があったら，下の欄に，受験番号と名前を，受験票と同じように記入してください。
3．足りないページがあったら，手をあげて知らせてください。
4．メモや計算などを書く場合は，問題冊子に書いてください。

Ⅲ　**解答用紙に関する注意**

1．解答は，解答用紙に鉛筆（HB）で記入してください。
2．問題文中のA, B, C, …には，それぞれ－（マイナスの符号），または，0から9までの数が一つずつ入ります。あてはまるものを選び，解答用紙（マークシート）の対応する解答欄にマークしてください。
3．同一の問題文中に $\boxed{A}$ ，$\boxed{BC}$ などが繰り返し現れる場合，2度目以降は，$\boxed{A}$，$\boxed{BC}$ のように表しています。

解答に関する記入上の注意

（1）根号（$\sqrt{}$）の中に現れる自然数が最小となる形で答えてください。

（例：32 のときは，2 8 ではなく4 2 と答えます。）

（2）分数を答えるときは，符号は分子につけ，既約分数（reduced fraction）にして答えてください。

（例：$\dfrac{2}{6}$ は $\dfrac{1}{3}$，$-\dfrac{2}{\sqrt{6}}$ は $\dfrac{-2\sqrt{6}}{6}$ と分母を有理化してから約分し，$\dfrac{-\sqrt{6}}{3}$ と答えます。）

（3）$\dfrac{\boxed{A}\sqrt{\boxed{B}}}{\boxed{C}}$ に $\dfrac{-\sqrt{3}}{4}$ と答える場合は，下のようにマークしてください。

（4）$\boxed{DE}\,x$ に $-x$ と答える場合は，Dを－，Eを1とし，下のようにマークしてください。

【解答用紙】

A	● ⓪ ① ② ③ ④ ⑤ ⑥ ⑦ ⑧ ⑨
B	⊖ ⓪ ① ② ● ④ ⑤ ⑥ ⑦ ⑧ ⑨
C	⊖ ⓪ ① ② ③ ● ⑤ ⑥ ⑦ ⑧ ⑨
D	● ⓪ ① ② ③ ④ ⑤ ⑥ ⑦ ⑧ ⑨
E	⊖ ⓪ ● ② ③ ④ ⑤ ⑥ ⑦ ⑧ ⑨

4．解答用紙に書いてある注意事項も必ず読んでください。

※　試験開始の合図があったら，必ず受験番号と名前を記入してください。

受験番号			＊			＊							
名　　前													

数学 コース1

（基本コース）

数学－2

問1

x, y が $x \geqq 0, y \geqq 0$ および $x+y=4$を満たすとき、

$P=x^2y^2+x^2+y^2+xy$ の最大値と最小値を求めよう。

$x+y=4$ ……①より $x^2+y^2=\boxed{AB}-\boxed{C}xy$

ここで $xy=t$とおくと

$P=t^2+\boxed{AB}-\boxed{C}t+t$

$\quad =\left(t-\dfrac{\boxed{D}}{\boxed{E}}\right)^2+\dfrac{\boxed{FG}}{\boxed{H}}$

①より $y=4-x$であるから、$0 \leqq x \leqq \boxed{I}$ ……②であり

$t=x(4-x)$

$\quad =-(x-\boxed{J})^2+\boxed{K}$

よって、②の範囲でtの取り得る値の範囲は $\boxed{L} \leqq t \leqq \boxed{M}$ ……③

③の範囲でPの値域を考えればよいから

Pの最大値は $t=\boxed{N}$のとき $\boxed{OP}$、

　　最小値は $t=\dfrac{\boxed{Q}}{\boxed{R}}$のとき $\dfrac{\boxed{ST}}{\boxed{U}}$である。

— 計算欄（memo） —

数学－4

問2

箱に赤球6個、青球7個、白球3個の合計16個の球が入っている。

この中から同時に4個の球を取り出すとき、

(1) 4個とも赤球である確率は $\dfrac{A}{BCD}$ である。

(2) 赤球を含まない確率は $\dfrac{E}{FG}$ である。

(3) 取り出した球の中にどの色も入っている確率は $\dfrac{H}{IJ}$ である。

(4) 赤球と白球を含む確率は $\dfrac{KL}{MNO}$ である。

─　計算欄（memo）　─

I の問題はこれで終わりです。問１の V ～ Z と問２の P ～ Z はマークしないでください。

数学－6

問1

- 方程式 $||x-1|-2|=3$ の解は $x=\boxed{\text{A}}$, $\boxed{\text{BC}}$ である。

- 2つの不等式 $|x-a|\leqq 2a+3$ ……①

  $|x-2a|>4a-4$ ……②について

(1) 不等式①を満たす実数 x が存在するような定数 a の範囲を求めよう。

$-(\boxed{\text{D}}a+\boxed{\text{E}})\leqq x-a\leqq \boxed{\text{F}}a+\boxed{\text{G}}$ より

$\boxed{\text{HI}}a-\boxed{\text{J}}\leqq x\leqq \boxed{\text{K}}a+\boxed{\text{L}}$　これを満たす x が存在するための条件は

$\boxed{\text{HI}}a-\boxed{\text{J}}\leqq \boxed{\text{K}}a+\boxed{\text{L}}$ ……③より

$a\geqq \dfrac{\boxed{\text{MN}}}{\boxed{\text{O}}}$

(2) 不等式①と②を同時に満たす実数 x が存在するような

定数 a の範囲を求めよう。

②は $4a-4<0$ すなわち $a<\boxed{\text{P}}$ のとき、すべての実数 x について成り立つから、

①, ②を同時に満たす x が存在する。

$a\geqq \boxed{\text{P}}$ のとき、②は

$x-2a<-(\boxed{\text{Q}}a-\boxed{\text{R}})$　または　$\boxed{\text{Q}}a-\boxed{\text{R}}<x-2a$ より

$x<\boxed{\text{ST}}a+\boxed{\text{U}}$　または　$\boxed{\text{V}}a-\boxed{\text{W}}<x$ ……④

③, ④を同時に満たす実数 x が存在するための条件は

$\boxed{\text{HI}}a-\boxed{\text{J}}<\boxed{\text{ST}}a+\boxed{\text{U}}$　または

$\boxed{\text{V}}a-\boxed{\text{W}}<\boxed{\text{K}}a+\boxed{\text{L}}$

すなわち　$a<\boxed{\text{X}}$　または　$a<\dfrac{\boxed{\text{Y}}}{\boxed{\text{Z}}}$

$a\geqq \boxed{\text{P}}$ とあわせて　$\boxed{\text{P}}\leqq a<\boxed{\text{X}}$

(1)の結果とあわせて　$\dfrac{\boxed{\text{MN}}}{\boxed{\text{O}}}\leqq a<\boxed{\text{X}}$

― 計算欄（memo） ―

問2

自然数 x, y, z が $\dfrac{1}{x}+\dfrac{2}{y}+\dfrac{3}{z}=2$ ……ⓐ, $x\geqq y\geqq z$ を満たすとき、次の問いに答えよ。

$\boxed{A}$ $\boxed{C}$ $\boxed{F}$ は ⓪ $>$, ① $\geqq$, ② $=$, ③ $<$, ④ $\leqq$ から一つ選んで番号を記入せよ。

(1) z の範囲を求めよう。

$x\geqq y\geqq z$ より $\dfrac{1}{x}\ \boxed{A}\ \dfrac{1}{z}$, $\dfrac{1}{y}\ \boxed{A}\ \dfrac{1}{z}$ であるから

$$2=\dfrac{1}{x}+\dfrac{2}{y}+\dfrac{3}{z}\leqq \dfrac{1}{z}+\dfrac{\boxed{B}}{z}+\dfrac{3}{z}\ \boxed{C}\ \dfrac{\boxed{D}}{z}$$

したがって $2\leqq \dfrac{\boxed{D}}{z}$ より $z\leqq \boxed{E}$

また ⓐと $\dfrac{1}{x}+\dfrac{2}{y}\ \boxed{F}\ 0$ より $\dfrac{3}{z}<\boxed{G}$

$z>\dfrac{3}{\boxed{G}}$ で z は自然数だから

$z\geqq \boxed{H}$

よって $\boxed{H}\leqq z\leqq \boxed{E}$

(2) 与えられた条件を満たす x, y, z の組(全部で3組ある)を求めよう。

・$z=\boxed{E}$ のとき $\dfrac{1}{x}+\dfrac{2}{y}+\dfrac{3}{\boxed{E}}=2$ より $\dfrac{1}{x}+\dfrac{2}{y}=1$

両辺に xy をかけて整理すると $(x-\boxed{I})(y-\boxed{J})=2$

ここで $x-\boxed{I}>y-\boxed{J}$ だから

$x-\boxed{I}=\boxed{K}$ より $x=\boxed{L}$

$y-\boxed{J}=\boxed{M}$ より $y=\boxed{N}$ $\qquad (x,\ y,\ z)=(\boxed{L},\ \boxed{N},\ \boxed{E})$

・$z=\boxed{H}$ のとき $\dfrac{1}{x}+\dfrac{2}{y}+\dfrac{3}{\boxed{H}}=2$ より $\dfrac{1}{x}+\dfrac{2}{y}=\dfrac{1}{\boxed{O}}$

両辺に $\boxed{O}\,xy$ をかけて整理すると $(x-\boxed{P})(y-\boxed{Q})=8$

ここで $x-\boxed{P}>y-\boxed{Q}$ だから

$x-\boxed{P}=\boxed{R}$ より $x=\boxed{S}$

$y-\boxed{Q}=\boxed{T}$ より $y=\boxed{U}$ $\qquad (x,\ y,\ z)=(\boxed{S},\ \boxed{U},\ \boxed{H})$

$x-\boxed{P}=\boxed{V}$ より $x=\boxed{WX}$

$y-\boxed{Q}=\boxed{Y}$ より $y=\boxed{Z}$ $\qquad (x,\ y,\ z)=(\boxed{WX},\ \boxed{Z},\ \boxed{H})$

― 計算欄（memo） ―

Ⅱ の問題はこれで終わりです。

III

すべての実数x, yに対して

$x^2-2(a-1)xy+y^2+(a-2)y+1\geqq0$が成り立つような

定数aの範囲を求めよう。

$f(x)=x^2-2(a-1)y\cdot x+\{y^2+(a-2)y+1\}$ ……(1)として

xの2次関数と考える。

$f(x)\geqq0$がすべてのxについて成り立つ条件は、x^2の係数が$1(>0)$なので

方程式　$f(x)=$ $\boxed{A}$ の判別式が0以下であることである。

$\dfrac{D}{4}=\{(a-1)y\}^2-\{y^2+(a-2)y+1\}\leqq0$を展開・整理して

$a(\boxed{B}-a)y^2+(a-\boxed{C})y+1\geqq0$ ……(2) これが

すべてのyについて成り立つようなaの範囲を求めればよい。

- $a=\boxed{D}$ のとき、(2)は　$-\boxed{E}y+\boxed{F}\geqq0$となり

  これはすべてのyについて成り立つとはいえない。

- $a=\boxed{B}$ のとき、(2)の左辺$=\boxed{G}$となり、(2)はすべてのyについて成り立つ。

- $a\neq\boxed{D}$, $a\neq\boxed{B}$ のとき、(2)はyの2次不等式である。

  これがすべてのyについて成り立つ条件は

  「y^2の係数$>\boxed{H}$　　かつ　不等式(2)の左辺$=0$の判別式　$D\boxed{I}0$」である。

  （$\boxed{I}$には　⓪ $>$, ① $\geqq$, ② $=$, ③ $<$, ④ $\leqq$から一つ選んで番号を記入せよ。

  $\boxed{M}$, $\boxed{N}$, $\boxed{Y}$も同様にせよ。）

ここで　$D=(a-\boxed{C})^2-4a(\boxed{B}-a)$

　　　　　　$=(a-\boxed{J})(\boxed{K}a-\boxed{L})$であるから

上の条件は

　　　　　$a(\boxed{B}-a)\boxed{M}0$　かつ　$(a-\boxed{J})(\boxed{K}a-\boxed{L})\boxed{N}0$

したがって　$\boxed{O}a<\boxed{D}$　かつ　$\dfrac{\boxed{Q}}{\boxed{R}}a\leqq\boxed{S}$より

$\dfrac{\boxed{T}}{\boxed{U}}\leqq a<\boxed{V}$

以上から求められるaの範囲は　$\dfrac{\boxed{W}}{\boxed{X}}\leqq a\boxed{Y}\boxed{Z}$である。

─ 計算欄（memo） ─

Ⅲ の問題はこれで終わりです。

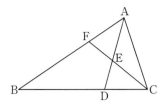

△ABCにおいて、AB：AC＝5：3，

∠Aの二等分線と辺BCの交点をD，

線分ADを2：1に内分する点をE，

直線CEと辺ABの交点をFとする。

(1) BD：DC＝ A ： B ，

BC：CD＝ C ： D ，

AF：FB＝ E ： F である。

(2) 点Dを通り、線分CFに平行な直線と辺ABの交点をGとする。

AF：FG：GB＝ G ： H ： I である。

また　DG＝15のとき、線分CEの長さは JK である。

面積比は　△AFE：△ACE＝ L ： M

△ABC：△GDB＝ NOP ： QR である。

— 計算欄（memo） —

Ⅳ の問題はこれで終わりです。 S ～ Z はマークしないでください。

コース 1 の問題はこれですべて終わりです。

문제 풀이와
해답

실력을 키우는 저자 메모 ✏️

이 책의 모든 연습문제와 기출문제, 모의시험의 풀이가 실려 있습니다. 여러분의 풀이와 비교하면서 어느 부분에서 어떻게 다른지 비교해 보고, 문제를 푸는 과정에서 여러분이 착안하지 못한 풀이 방식은 무엇이었는지도 점검해 보세요. 이 풀이가 여러분의 실력 향상에 도움이 되기를 기원합니다.

제1장 수와 식(数と式)

(1) $\dfrac{21}{\sqrt{7}+5} = \dfrac{21(5-\sqrt{7})}{(5+\sqrt{7})(5-\sqrt{7})} = \dfrac{21(5-\sqrt{7})}{25-7} = \dfrac{7(5-\sqrt{7})}{6}$

(2) $\dfrac{58(3\sqrt{5}-4)}{(3\sqrt{5}+4)(3\sqrt{5}-4)} = \dfrac{58(3\sqrt{5}-4)}{45-16} = 2(3\sqrt{5}-4)$

(3) $xy = \{(\sqrt{2}+\sqrt{5})+\sqrt{7}\}\{(\sqrt{2}+\sqrt{5})-\sqrt{7}\}$

$\qquad = (\sqrt{2}+\sqrt{5})^2 - (\sqrt{7})^2$

$\qquad = 2 + 2\sqrt{10} + 5 - 7$

$\qquad = 2\sqrt{10}$

$\dfrac{x}{y} = \dfrac{\{(\sqrt{2}+\sqrt{5})+\sqrt{7}\}^2}{\{(\sqrt{2}+\sqrt{5})-\sqrt{7}\}\{(\sqrt{2}+\sqrt{5})+\sqrt{7}\}}$

$\qquad = \dfrac{2+2\sqrt{10}+5+2\sqrt{7}(\sqrt{2}+\sqrt{5})+7}{2\sqrt{10}}$

$\qquad = 1 + \dfrac{\sqrt{14}+\sqrt{35}+7}{\sqrt{10}}$

$\qquad = 1 + \dfrac{\sqrt{10}(\sqrt{14}+\sqrt{35}+7)}{(\sqrt{10})^2}$

$\qquad = 1 + \dfrac{\sqrt{35}}{5} + \dfrac{\sqrt{14}}{2} + \dfrac{7\sqrt{10}}{10}$

(4) $P = (3a-2)(2b-3)$로 인수분해할 수 있다.

$\qquad = (\sqrt{6}-2)(2b-3)$

$\qquad = \sqrt{2}(\sqrt{3}-\sqrt{2})(2b-3)$

$P = \sqrt{3}-\sqrt{2}$이므로 $\sqrt{2}(2b-3)=1$에 의해

$2b-3 = \dfrac{1}{\sqrt{2}} = \dfrac{\sqrt{2}}{2}$　　따라서 $b = \dfrac{1}{2}\left(\dfrac{\sqrt{2}}{2}+3\right)$

(5) $x=\dfrac{(\sqrt{7}+5)(\sqrt{7}-2)}{(\sqrt{7}+2)(\sqrt{7}-2)}=\sqrt{7}-1$을 방정식에 대입

$(\sqrt{7}-1)^2+a(\sqrt{7}-1)+b=0$이므로

$(-a+b+8)+(a-2)\sqrt{7}=0$

$\begin{cases} -a+b+8=0 \\ a-2=0 \end{cases}$

따라서 $a=2,\ b=-6$ (다음 항 참조)

♥ 다른 풀이 ─────────

> $x=\sqrt{7}-1$이므로 $x+1=\sqrt{7}$
>
> $(x+1)^2=(\sqrt{7})^2$이고 $x^2+2x-6=0$
>
> $\therefore\ a=2,\ b=-6$

A⁺ 연습문제 1-2

(1) $P=(1-\sqrt{2})^2+2(a-3)(1-\sqrt{2})-8a+6$을 전개 및 정리하여

$\qquad =3(1-2a)+2(2-a)\sqrt{2}$

이것이 유리수이면 $2-a=0$이므로 $a=2$

이 때 $P=3(1-2\cdot2)=-9$

(2) $\sqrt{5}+\sqrt{2}\,a=(\sqrt{5}+\sqrt{2})(x+\sqrt{10}\,y)$

$\qquad\qquad =\sqrt{5}\,x+\sqrt{50}\,y+\sqrt{2}\,x+\sqrt{20}\,y$

$\qquad\qquad =\sqrt{5}\,x+5\sqrt{2}\,y+\sqrt{2}\,x+2\sqrt{5}\,y$이므로

$(1-x-2y)\sqrt{5}+(a-x-5y)\sqrt{2}=0$

$\begin{cases} 1-x-2y=0 \\ a-x-5y=0 \end{cases}$ 따라서 $y=\dfrac{a-1}{3},\ x=\dfrac{5-2a}{3}$

(3) $(m+n-11)+(mn-30)\sqrt{2}=0$이므로 $\begin{cases} m+n=11 \\ mn=30 \end{cases}$

이것을 만족시키는 $m,\ n$은 $t^2-11t+30=0$의 해이다. (〈해와 계수의 관계〉 참조)

$t=5,\ 6$이므로 $m=6, n=5\,(m>n)$

연습문제 1-3

(1) $2<\sqrt{5}<3$이므로

$-3<-\sqrt{5}<-2$

$5-3<5-\sqrt{5}<5-2$

$2<5-\sqrt{5}<3$ 　　정수 부분: 2, 소수 부분: $5-\sqrt{5}-2=3-\sqrt{5}$

(2) $2<\sqrt{5}<3$이므로

$2-2<\sqrt{5}-2<3-2$

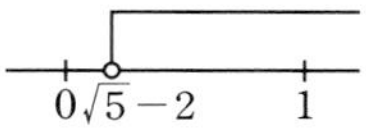

$0<\sqrt{5}-2<1$ 　따라서 $p=1$

(3) $4\sqrt{3}=\sqrt{48}$

$6<\sqrt{48}<7$

$\underset{\fallingdotseq 2.2}{\frac{11}{5}}<\frac{5+\sqrt{48}}{5}<\underset{=2.4}{\frac{12}{5}}$

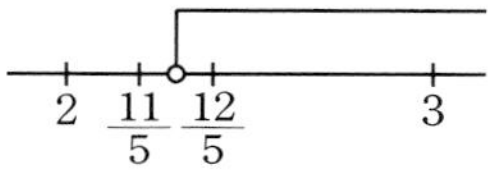

따라서 구하는 정수는 3.

> $4\sqrt{3}$으로만 계산하면
> $\frac{9}{5}<\frac{5+4\sqrt{3}}{5}<\frac{13}{5}$이 되어 2와 $\frac{5+4\sqrt{3}}{5}$의
> 대소를 알아보아야 한다.

연습문제 1-4

(1) $P=(x-4)(x+2a-2)$ 　　$1\leqq a$이므로 $0\leqq 2a-2$

$x-4<x+2a-2$ 　따라서 $x-4=1$이므로 $x=5$

$P=(5-4)(5+2a-2)=3+2a$

$1\leqq a$이므로 $a=1$이라고 하면 $P=3+2\cdot 1=5$는 소수.

따라서 최소의 $a=1$. 이때 $P=5$

(2) ① $y^2-x^2=11$

$(y-x)(y+x)=11$이고, $y-x<y+x$ 이므로 $y-x=1$

$\begin{cases} y-x=1 \\ y+x=11 \end{cases}$ 이므로 $x=5$, $y=6$

② $y^3-x^3=37$

$(y-x)(y^2+yx+x^2)=37$이고,

$y-x<y^2+yx+x^2$이므로

$y-x=1$, $y=x+1$

이것을 $y^2+yx+x^2=37$에 대입해서

$(x+1)^2+(x+1)x+x^2=37$

$3x^3+3x-36=0$

$3(x-3)(x+4)=0$, $x>0$

따라서 $x=3$, $y=x+1=4$

(3) 양변 $\times xy$

$py+5x=pxy$이므로 $pxy-5x-py+5=5$

$(py-5)(x-1)=5$이므로 $x-1=1$ 또는 $x-1=5$

$\qquad\qquad\qquad$ ($x-1=-1$, $x-1=-5$라면 $x\leq0$이 된다.)

· $x-1=1$, $x=2$일 때 $py-5=5$

$\qquad\qquad\qquad py=10$, p는 소수이므로 $p=2(\to y=5)$, $p=5$ $(\to y=2)$

· $x-1=5$, $x=6$일 때 $py-5=1$

$\qquad\qquad\qquad py=6$, p는 소수이므로 $p=2(\to y=3)$, $p=3(\to y=2)$

이상을 정리하면

$(p,\ x,\ y)=(2,\ 2,\ 5),(5,\ 2,\ 2),(2,\ 6,\ 3),(3,\ 6,\ 2)$

A⁺ 연습문제 1-5

(1) B의 x가 존재하기 위해서는 $a+2\leq3a$이므로 $1\leq a$. 문제가 요
구하는 답을 얻기 위해서는 $B{\subset}A$가 되면 좋겠지만, $3\leq a+2$이
므로 B는 A의 ①의 부분이 될 수는 없다.

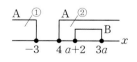

B가 ②의 부분에 존재하기 위해서는 $4\leq a+2$이므로 $2\leq a$

(2) A : $100 \div 3 = 33$ 나머지 1.

따라서 A 요소의 개수는 33

B : $100 \div 5 = 20$이므로 B 요소의 개수는 20

$A \cap B$: $100 \div 15 = 6$ 나머지가 10이므로 $A \cap B$ 요소의 개수는 6.

① $100 - 6 = 94$ ② $100 - (33 + 20 - 6) = 53$

A⁺ 연습문제 1-6

(1) ① 2. ←×— 반례 : $n = 3$

　② 1. —×→ 반례 : $n = 8$

　③ 3. —×→ 반례 : $n = 6$, ←×— 반례 : $n = 4$

　④ 0 (6의 배수이면서 8의 배수 = 24의 배수)

(2) ⅰ) $0 \leq 20k - 4k^2$, $4k(k-5) \leq 0$이므로 $0 \leq k \leq 5$

　ⅱ) 「$a = b = 0 \rightarrow a^2 + b^2 \leq 20k - 4k^2$」이 성립하는 것은 ⅰ)에 의해 $0 \leq k \leq 5$일 때이다.

　　a, b가 실수이고, $a^2 + b^2 \geq 0$이므로

　　「$a^2 + b^2 \leq 20k - 4k^2 \rightarrow a = b = 0$」이 성립하는 것은 $20k - 4k^2 = 0$일 때이고,

　　이 때 $k = 0$, 5가 되지만, $k > 0$의 조건에 맞는 $k = 5$.

　ⅲ) 「$a = b = 0 \rightarrow a^2 + b^2 \leq 20k - 4k^2$」이 성립하는 것은 ⅰ)에 의해 $0 \leq k \leq 5$일 때이다.

　　「$a^2 + b^2 \leq 20k - 4k^2 \rightarrow a = b = 0$」이 성립하지 않는 것은 $k \neq 0$, $k \neq 5$일 때이고,

　　$0 < k < 5$의 범위에서 최대 정수 $k = 4$

(1) ① $(x+1)(x-6)(x+2)(x-3)+3x^2=(x^2-5x-6)(x^2-x-6)+3x^2$

$x^2-6=A$로 둔다. $\qquad =(A-5x)(A-x)+3x^2$

$\qquad\qquad\qquad\qquad\qquad =A^2-6xA+8x^2$

$\qquad\qquad\qquad\qquad\qquad =(A-2x)(A-4x)$

A를 원래대로 되돌린다. $\qquad =(x^2-2x-6)(x^2-4x-6)$

② $3x(2y-3)+2(2y-3)=(3x+2)(2y-3)$

③ $a^2=A$로 두면 $A^2-10A+9=(A-1)(A-9)$

$\qquad\qquad\qquad\qquad\qquad =(a^2-1)(a^2-9)$

$\qquad\qquad\qquad\qquad\qquad =(a+1)(a-1)(a+3)(a-3)$

④ $(a-1)^2(b+5-1)+(2a-5)(b+4)=(a-1)^2(b+4)+(2a-5)(b+4)$

$\qquad\qquad\qquad\qquad\qquad\qquad =(b+4)\{(a-1)^2+2a-5\}$

$\qquad\qquad\qquad\qquad\qquad\qquad =(b+4)(a^2-2a+1+2a-5)$

$\qquad\qquad\qquad\qquad\qquad\qquad =(b+4)(a^2-4)$

$\qquad\qquad\qquad\qquad\qquad\qquad =(b+4)(a+2)(a-2)$

⑤ $ab(b-1)-(b-1)=(ab-1)(b-1)$

⑥ $x^2+(-2a+3)x-3\cdot 2a=(x-2a)(x+3)$

⑦ $x^2+(4a+2)x-2(4a+4)=(x-2)(x+4a+4)$

⑧ $2a(5a-3c)+7b(5a-3c)=(2a+7b)(5a-3c)$

⑨ $x^3-1+4x-4=(x-1)(x^2+x+1)+4(x-1)$

$\qquad\qquad\qquad =(x-1)(x^2+x+5)$

⑩ $x^4+6x^2+9-4x^2=(x^2+3)^2-(2x)^2$

$\qquad\qquad\qquad\qquad =(x^2+2x+3)(x^2-2x+3)$

⑪ $(a+b)^3-3ab(a+b)+c^3-3abc=(a+b)^3+c^3-3ab(a+b)-3abc$

$$=(a+b+c)\{(a+b)^2-(a+b)c+c^2\}-3ab(a+b+c)$$

$$=(a+b+c)(a^2+2ab+b^2-ca-bc+c^2-3ab)$$

$$=(a+b+c)\underline{(a^2+b^2+c^2-ab-bc-ca)}$$

$$\left(\hookrightarrow \tfrac{1}{2}\{(a-b)^2+(b-c)^2+(c-a)^2\}\right)$$

(2) $x=1$을 대입해서 $1+3a-6-5a+b+14=0$이므로 $b=2a-9$

문제에서 주어진 식 $x^2+(3a-6)x-3a+5=0$

$$(x-1)(x+3a-5)=0 \quad \text{다른 해: } x=-3a+5$$

🅰⁺ 연습문제 1-8

(1) $3x^2+6xy+3y^2-5xy-10=0$

$3(x+y)^2-5xy-10=0$

$3a^2-5b=10$이므로 $b=\dfrac{3}{5}a^2-2$

(2) $a \rightarrow (x+y)^2-2xy=3^2-2\cdot1$이므로 $x^2+y^2=7$

$b \rightarrow (x+y)^2-(x^2+y^2)=2$이므로 $xy=1$

$c \rightarrow x^2+y^2+2xy=9,\ (x+y)^2=9$이므로 $x+y=\pm3$

① $a \rightleftharpoons b$ 필요충분조건 (0)

② $b \rightleftharpoons c$ 반례 $x+y=-3$ 충분조건 (2)

③ $c \rightleftharpoons a$ 반례 $x+y=-3$ 필요조건 (1)

(3) $8x^3$와 $-y^3$로부터 $(2x-y)^3$을 생각해 보자.

$(2x-y)^3=8x^3-12x^2y+6xy^2-y^3$

$P=(2x-y)^3-18x^2y+6xy^2$

$\quad =(2x-y)^3-6xy(3x-y)$

$A : 2, B : 6, C : 3$

(4) $(x-3)^2=5$이므로 $x^2-6x+4=0$

$x^2=6x-4$로 하여 차수를 내려가는 방법도 있지만,

$P=x^4-6x^3+4x^2+x^2-6x+4+3$

$\quad=x^2(x^2-6x+4)+(x^2-6x+4)+3$

여기서 $x^2-6x+4=0$이므로

$P=3$ 식으로 할 수도 있다.

(5) $x^2-6(a-b)x=-a^2-b^2+34ab$

$x^2-6(a-b)x+9(a-b)^2=-a^2-b^2+34ab+9(a-b)^2$

$\{x-3(a-b)\}^2=8a^2+16ab+8b^2=8(a+b)^2$

$x-3(a-b)=\pm2\sqrt{2}(a+b)$

$x=3a\pm2\sqrt{2}a-3b\pm2\sqrt{2}b$

해답의 형식에 맞는 것은 $x=(3+2\sqrt{2})a-(3-2\sqrt{2})b$

$$A:\ 3,\ B:\ 2,\ C:\ 2,\ D:\ 3,\ E:\ 2,\ F:\ 2$$

(6) 주어진 식을 k로 두면

$$
\begin{array}{r}
x+\ y\qquad =\ 3k \\
y+\ z=\ 4k \\
+)\ \underline{x\qquad +\ z=\ 5k} \\
2x+2y+2z=12k
\end{array}
$$

$x+y+z=6k$ 이것을 원래의 각 식과 비교해서 $x=2k,\ y=k,\ z=3k$를 대입한다.

$\dfrac{2x-y+3z}{x+y+z}=\dfrac{4k-k+9k}{6k}=\dfrac{12k}{6k}=2$

(1) ① $1-5a \geqq 0$ 이므로 $a \leqq \dfrac{1}{5}$ …①

$\sqrt{1-5a} \geqq 3$ 을 풀면 된다.

$1-5a \geqq 9$ 이므로 $a \leqq -\dfrac{8}{5}$ …②

①, ②로부터 $a \leqq -\dfrac{8}{5}$

(여기에서 $\sqrt{1-5a} \leqq -3$ 은 있을 수 없다.)

② $2x-3 \geqq 0$, $\dfrac{3}{2} \leqq x$ 일 때, $x^2-2x+1=2x-3$

$\qquad x^2-4x+4=0$ 이므로 $x=2 \left(\dfrac{3}{2} \leqq x$ 를 만족시킨다.$\right)$

$2x-3<0$, $x<\dfrac{3}{2}$ 일 때, $x^2-2x+1=-(2x-3)$

$\qquad x^2=2$ 이므로 $x=\pm\sqrt{2} \left(x<\dfrac{3}{2}$ 를 만족시킨다.$\right)$

③ 해를 갖기 위한 조건은 $0<2a+1$ 이므로 $a>-\dfrac{1}{2}$

이 때 $-(2a+1)<x+3a<2a+1$

$\qquad -5a-1<x<-a+1$

④ $|(x-2)(x-3)| = \begin{cases} x^2-5x+6 \ (x<2, \ 3 \leqq x) \\ -(x^2-5x+6) \ (2 \leqq x<3) \end{cases}$

· $x<2$ 일 때, $x^2-5x+6-\{-(x-2)\}=3$

$\qquad x^2-4x+1=0$

$\qquad x=2\pm\sqrt{3}$

$\qquad x<2$ 이므로 $\underline{x=2-\sqrt{3}}$

· $2 \leqq x<3$ 일 때, $-(x^2-5x+6)-(x-2)=3$

$x^2-4x+11=0$ 은 실수 해를 갖지 않는다.

· $3 \leqq x$ 일 때, $x^2-5x+6-(x-2)=3$

$\qquad x^2-6x+5=0$

$\qquad x=1, \ 5, \ 3 \leqq x$ 이므로 $\underline{x=5}$

(2) ① $x-2<-1$이므로 $x<1$

$1<x-2$이므로 $3<x$

② $rx-r^3+3r^2-3r-x+1>0$

$rx-x>r^3-3r^2+3r-1$

$(r-1)x>(r-1)^3$ $\cdots$②′

②′는 $r=1$일 때, $0\cdot x>0$이 되어 해를 갖지 않는다.

$r-1>0$일 때, $x>(r-1)^2$

$r-1<0$일 때, $x<(r-1)^2$

②를 만족시키는 모든 x가 ①을 만족시키는 것은

ⅰ) $r-1>0$ 동시에 $3\leq(r-1)^2$일 때

$r-1\leq-\sqrt{3}$이므로 $r\leq1-\sqrt{3}$ $(\times)$

$r-1\geq\sqrt{3}$이므로 $r\geq1+\sqrt{3}$

$r>1$이므로 $\underline{r\geq1+\sqrt{3}}$

ⅱ) $r-1<0$ 동시에 $(r-1)^2\leq1$일 때

$-1\leq r-1\leq1$이므로 $0\leq r\leq2$

$r<1$이므로 $\underline{0\leq r<1}$

(3) $x<0$일 때

$y=-x-(x-2)=-2x+2$

$0\leq x<2$일 때 $y=x-(x-2)=2$

$2\leq x$일 때 $y=x+x-2=2x-2$

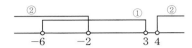

① $(x-3)(x+6)<0$이므로 $-6<x<3$

② $(x+2)(x-4)>0$이므로 $x<-2,\ 4<x$

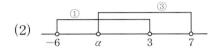

(1) ①, ② 양쪽을 만족시키는 x의 범위는 $-6<x<-2$ $\boxed{\text{A}}$: ④

양쪽 모두 만족시키지 못하는 x의 범위는 $3\leqq x\leqq4$ $\boxed{\text{B}}$: ⓪

(2)

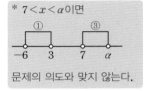

* $7<x<\alpha$이면

문제의 의도와 맞지 않는다.

2차 방정식 $x^2+ax+b=0$의 두 개의 해를 α, 7이라고 하자.

③을 만족시키는 x는 $\alpha<x<7$이 된다.*

$x=7$이 이 방정식의 해가 되기 위해서는

$7^2+7a+b=0$이므로 $b=-7a-49$ $\boxed{\text{C}}$: ②

$(x-\alpha)(x-7)=x^2-(\alpha+7)x+7\alpha$와

x^2+ax+b의 계수를 비교해서

$-(\alpha+7)=a$이므로 $\alpha=-a-7$

①, ③의 적어도 어느 한 쪽을 만족시키는 x의 범위가

$-6<x<7$이 되는 것은 $-6\leqq\alpha<3$일 때이다.

$-6\leqq-a-7<3$이므로 $-10<a\leqq-1$ $\boxed{\text{D}}$: ④

* $\alpha=3$이라고 하면
①: $-6<x<3$
②: $3<x<7$
양쪽 어디에도 $x=3$이 포함되지 않는다.
'①, ③의 적어도 어느 한 쪽을 만족시키는 x의
범위'는 $-6<x<3,\ 3<x<7$이 되고 만다.

A	B	C	D
4	0	2	4

$$15x^2 - 2xy - 8y^2 = (5x - 4y)(3x + 2y)$$
$$\boxed{A} \quad \boxed{B} \quad \boxed{C} \quad \boxed{D}$$

$$
\begin{array}{cccc}
5 & \diagdown & 4 & 12 \\
3 & \diagup & 2 & 10 \\
\hline
& & & -2
\end{array}
$$

$(5x - 4y + b)(3x + 2y + c)$를 전개·정리하면

$$15x^2 - 2xy - 8y^2 + (3b + 5c)x + (2b - 4c)y + bc$$
$$\boxed{E} \quad \boxed{F} \qquad \boxed{G} \qquad \boxed{H}$$

주어진 식과 계수를 비교하여

$$\begin{cases} 3b + 5c = -11 \\ 2b - 4c = 22 \end{cases}$$

이것을 풀어 $b = 3$, $c = -4$
$\qquad\qquad\;\; \boxed{I} \qquad \boxed{J}$

따라서 $a = bc = -12$
$\qquad\qquad\qquad\; \boxed{KL}$

ABCD	EFGH	I	J	KL
5432	3524	3	4	12

$$\sqrt{\left(x+\frac{1}{4x}\right)^2-1}=\sqrt{x^2+2\cdot x\cdot\frac{1}{4x}+\left(\frac{1}{4x}\right)^2-1}$$

$$=\sqrt{x^2-\frac{1}{2}+\left(\frac{1}{4x}\right)^2}$$

$$=\sqrt{\left(x-\frac{1}{4x}\right)^2}$$

$$=\left|x-\frac{1}{4x}\right|$$

$$=\left|\frac{4x^2-1}{4x}\right|$$

$$=\frac{|(2x+1)(2x-1)|}{4|x|} \quad 0<x<\frac{1}{2}\text{이므로 } 2x-1<0\text{이고}$$

$$=-\frac{4x^2-1}{4x}=-x+\frac{1}{4x}$$

①의 좌변 $=4x+\dfrac{1}{x}-\dfrac{1}{2}\left(-x+\dfrac{1}{4x}\right)$
　　　　　　　$\boxed{O}$　　$\boxed{Q}$

$$=\frac{9}{2}x+\frac{7}{8x}$$
　$\boxed{P}$　$\boxed{R}$

$\dfrac{9}{2}x+\dfrac{7}{8x}=4$의 양변에 $8x$를 곱해

$36x^2-32x+7=0$
$\boxed{ST}$　$\boxed{UV}$　$\boxed{W}$

$(2x-1)(18x-7)=0$이므로

$x=\dfrac{1}{2},\ \dfrac{7}{18}$

$0<x<\dfrac{1}{2}$이므로 $x=\dfrac{7}{18}^{\boxed{X}}_{\boxed{YZ}}$

OPQR	STUVW	XYZ
9278	36327	718

(1) $ax \geqq 11 \rightarrow ax - 11 = 4x - 10 \rightarrow (a-4)x = \boxed{\text{N}}\ \boxed{\text{O}}$

$ax \leqq 11 \rightarrow -(ax - 11) = 4x - 10 \rightarrow (a+4)x = \boxed{\text{P}}\ \boxed{\text{QR}}$

(2) $a = \sqrt{7}$ 일 때 $x \geqq \dfrac{11}{\sqrt{7}}$ 라면 $x = \dfrac{1}{\sqrt{7}-4} < 0$이 되어 맞지 않다.

$x < \dfrac{11}{\sqrt{7}}$ 라면 $x = \dfrac{21}{\sqrt{7}+4} = \dfrac{\boxed{\text{S}}\boxed{\text{T}}(4-\sqrt{7})}{\boxed{\text{U}}}{3}\ \boxed{\text{V}}$

$\underbrace{}_{\text{유리화}}$

(3) $ax \geqq 11$일 때 $x = \dfrac{1}{a-4}$이 바른 정수이기 위해서는 $a-4$가 1의 약수

$a-4 = 1$이므로, $a=5$이고 $x=1$이 되지만, 이는 $x \geqq \dfrac{11}{a} = \dfrac{11}{5}$에 부합하지 않는다.

$ax < 11$일 때, $x = \dfrac{21}{a+4}$이므로 $a+4$는 21의 약수: 1, 3, 7, 21

$a+4 = 1$, 3일 때는 $a < 0$가 되어 불가.

$a+4 = 7$이므로 $a = \underset{\boxed{\text{W}}}{3}$, 이 때 $x = \underset{\boxed{\text{X}}}{3}$

$a+4 = 21 \rightarrow a = 17$이고 $x = 1$

이는 $x < \dfrac{11}{a} = \dfrac{11}{17}$에 부합하지 않는다.

NO	PQR	STUV	W	X
41	421	7473	3	3

제2장 2차 함수(2次関数)

연습문제 2-1

(1) ① $y=2(x^2-2x+1-1)+7=2(x-1)^2+5$

② $y=x^2+\dfrac{1}{2}x+\dfrac{1}{16}-\dfrac{1}{16}+\dfrac{1}{4}=\left(x+\dfrac{1}{4}\right)^2+\dfrac{3}{16}$

③ $y=-\dfrac{1}{2}(x^2-8x+16-16)-6=-\dfrac{1}{2}(x-4)^2+2$

④ $y=x^2-2(a+2)x+(a+2)^2-(a+2)^2+10=\{x-(a+2)\}^2-a^2-4a+6$

⑤ $y=-\dfrac{1}{6}(x^2-6bx+9b^2-9b^2)+c=-\dfrac{1}{6}(x-3b)^2+\dfrac{3}{2}b^2+c$

⑥ $y=a\left(x^2-\dfrac{4}{a}x+\dfrac{4}{a^2}-\dfrac{4}{a^2}\right)-3a=a\left(x-\dfrac{2}{a}\right)^2-\dfrac{4}{a}-3a$

(2) $y=ax^2-(2a-1)x+a=a\left\{x^2-\dfrac{2a-1}{a}x+\left(\dfrac{2a-1}{2a}\right)^2-\left(\dfrac{2a-1}{2a}\right)^2\right\}+a$

$\quad=a\left(x-\dfrac{2a-1}{2a}\right)^2+\dfrac{4a-1}{4a}$

軸 : $x=\dfrac{2a-1}{2a}=\dfrac{2}{3}$ 따라서 $a=\dfrac{3}{2}$

(3) 그래프가 위로 凸이고, x의 범위가 한정되어 있지 않으므로, 정점의 y좌표가 최댓값이 된다.

$y=-\left(x^2+ax+\dfrac{a^2}{4}-\dfrac{a^2}{4}\right)+1=-\left(x+\dfrac{a}{2}\right)^2+\dfrac{a^2}{4}+1$

$\dfrac{a^2}{4}+1=2$, $a^2=4$, $a>0$ 이므로 $a=2$

軸 : $x=-\dfrac{a}{2}=-1$

연습문제 2-2

(1) $y=-(x-3)^2-a(x-3)+4-2$에 $x=5$, $y=-4$를 대입

$\quad -(5-3)^2-a(5-3)+4-2=-4$ 따라서 $a=1$

(2) 평행이동한 식을 $y=3x^2+px+q$로 두고*(x^2의 계수: 3은 변하지 않는다.)

$\quad (4,\ 2)\ \rightarrow\ 3\cdot 4^2+4p+q=2$

$\quad (5,\ 11)\ \rightarrow\ 3\cdot 5^2+5p+q=11$

> *$y=3(x-p)^2+2+q$로 두고, 이것이 두 점을 통과하는 것으로부터 p, q를 구해도 된다.

따라서 $p=-18,\ q=26$

$\boxed{\text{A}}:3,\ \boxed{\text{BC}}:-18,\ \boxed{\text{DE}}:26$

$y=3x^2-18x+26$

$\quad =3(x^2-6x+9-9)+26$

$\quad =3(x-3)^2-1$

원래의 정점 $(0,\ 2)$가 $(3,\ -1)$로 이동한 것이므로

x축 방향으로 $3:\boxed{\text{F}}$, y축 방향으로 $-3:\boxed{\text{GH}}$

(3) $y=2\left(x^2-5x+\dfrac{25}{4}-\dfrac{25}{4}\right)+14$

$\quad =2\left(x-\dfrac{5}{2}\right)^2+\dfrac{3}{2}$ 의 정점은 $\left(\dfrac{5}{2},\ \dfrac{3}{2}\right)$

이것을 $(-1,\ 3)$으로 평행이동하려면

x축 방향으로 $-1-\dfrac{5}{2}=\dfrac{-7}{2}:\dfrac{\boxed{\text{AB}}}{\boxed{\text{C}}}$, y축 방향으로 $3-\dfrac{3}{2}=\dfrac{3}{2}:\dfrac{\boxed{\text{D}}}{\boxed{\text{E}}}$

정점이 $(-1,\ 3)$인 2차 함수는

$y=2(x+1)^2+3=2x^2+4x+5$ $\boxed{\text{F}}:2,\ \boxed{\text{G}}:4,\ \boxed{\text{H}}:5$

A⁺ 연습문제 2-3

(1) $y=-\{a(-x)^2-2(-x)-2a\}$

$\quad =-ax^2-2x+a$

(2) ①의 정점은 $(a,\ 3a)$. 그 정점을 지나 x축으로 평행한 직선에 관한 대칭이동이므로, 정점은 바뀌지 않고 방향이 거꾸로 된다.

$y=-2a(x-a)^2+3a$

A⁺ 연습문제 2-4

(1) $y=3x^2-2x+b=3\left(x-\dfrac{1}{3}\right)^2+b-\dfrac{1}{3}$

정점 $\left(\dfrac{1}{3},\ b-\dfrac{1}{3}\right)$을 직선의 식에 대입

$b-\dfrac{1}{3}=\dfrac{1}{3}b+2$ 따라서 $b=\dfrac{7}{2}$

(2) x축 방향으로 p, y축 방향으로 q만큼 평행이동한 식은

$y=2(x-p)^2+q^*$ 여기에 $(2, 4)$, $(5, 10)$을 대입한다.

$\left.\begin{array}{l}2(2-p)^2-3+q=4\\2(5-p)^2-3+q=10\end{array}\right\}$ 따라서 $p=3$, $q=5$

$y=2(x-3)^2+2$ $(=2x^2-12x+20)$

*$y=2x^2-px+q$로 두어도 된다.

(3) $pa-1=-a^2$, $a^2+pa-1=0$

따라서 $a=\dfrac{-p\pm\sqrt{p^2+4}}{2}$

$pb-1=-b^2$

따라서 $b=\dfrac{-p\pm\sqrt{p^2+4}}{2}$

$a<0<b$

따라서 $a=\dfrac{-p-\sqrt{p^2+4}}{2}$, $b=\dfrac{-p+\sqrt{p^2+4}}{2}$

🅰️ 연습문제 2-5

$y=-\left(x-\dfrac{3}{2}k\right)^2+\dfrac{9}{4}k^2+5$로부터

정점을 (X, Y)로 하면 $X=\dfrac{3}{2}k$, $Y=\dfrac{9}{4}k^2+5$

$k=\dfrac{2}{3}X$를 Y의 식에 대입하여

$Y=\dfrac{9}{4}\left(\dfrac{2}{3}X\right)^2+5$

따라서 $y=x^2+5$, $a=1$, $b=5$

🅰️ 연습문제 2-6

x의 범위에 한정이 없으므로, 최댓값은 정점으로 얻을 수 있다.

$y=a(x-2)^2+18\,(a<0)\cdots$①로 두고 축 : $x=2$

그래프의 대칭성으로 인해 그래프와 x축의 교점의

x좌표는 $2-\dfrac{6}{2}=-1$과 $2+\dfrac{6}{2}=5$

$x=5$, $y=0$을 ①에 대입하여 $a(5-2)^2+18=0$

따라서 $a=-2$

이것을 ①에 대입하여

$$y=-2(x-2)^2+18$$
$$=-2x^2+8x+10 \qquad b=8,\ c=10$$

A⁺ 연습문제 2-7

(1) 주어진 조건으로부터 $a<0$, 축 : $x=3$

$$y=a\left(x+\frac{b}{2a}\right)^2-\frac{b^2}{4a}+\frac{2}{b}$$

축 : $x=-\dfrac{b}{2a}=3$ 따라서 $b=-6a$

최댓값 $-\dfrac{(-6a)^2}{4a}+\dfrac{2}{-6a}=-9a-\dfrac{1}{3a}$

(2) $y=-\left(x+\dfrac{a}{2}\right)^2+\dfrac{a^2}{4}+1$

최댓값 : $\dfrac{a^2}{4}+1=5$, $a^2=16$, $a>0$이므로 $a=4$

축 : $-\dfrac{a}{2}=-\dfrac{4}{2}=-2$

(3) $y=\dfrac{1}{4}(x-2)^2-\dfrac{1}{4}$ 최솟값을 주는 $x=2$, 최솟값은 $-\dfrac{1}{4}$

(주어진 범위 안에 축이 있으므로, 이 범위는 최솟값에 영향을 미치지 않는다.)

A⁺ 연습문제 2-8

(1) $f(x)=\left(x-\dfrac{1}{2}\right)^2-\dfrac{1}{4}$

최댓값 $f(1)=0$ ($\neq f(0)$)

최솟값 $f\left(\dfrac{1}{2}\right)=-\dfrac{1}{4}$

값의 영역은 $-\dfrac{1}{4}\leqq f(x)\leqq 0$

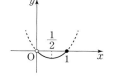

(2) $f(x)=(x+a)^2-a^2+2a+3$으로부터

$m=-a^2+2a+3$

$=-(a-1)^2+4$

최솟값 : $-5(a=4)$, 최댓값 : $4(a=1)$

값의 영역 : $-5\leqq m\leqq 4$

(3) ① $2y=-x^2+6x+1\cdots①'$

$$y=-\frac{1}{2}x^2+3x+\frac{1}{2}$$

$$=-\frac{1}{2}(x-3)^2+5\cdots①''$$

①'을 ②에 대입 $3x-2(-x^2+6x+1)+6\leqq0$

$$2x^2-9x+4=(2x-1)(x-4)\leqq0\text{으로부터}$$

$$\frac{1}{2}\leqq x\leqq4$$

이 범위에서 ①''의 그래프를 생각하면

M은 정점 $x=3$일 때, $M=5$

x는 정수이므로 $x=1$일 때, $m=3$

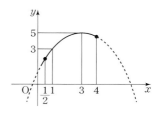

(1) $f(x)=-2\left(x-\frac{5}{4}a\right)^2+\frac{25a^2}{8}+6$

축 : $x=\frac{5}{4}a$, $0<a<1$로부터 $0<\frac{5}{4}a<\frac{5}{4}$

축이 범위의 중앙$\left(x=\frac{5}{4}\right)$보다 왼쪽에 있으므로

최댓값 : $f\left(\frac{5}{4}a\right)=\frac{25a^2}{8}+6$, 최솟값 : $f\left(\frac{5}{2}\right)=\frac{25}{2}a-\frac{13}{2}$

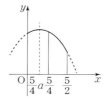

(2) 축 : $x=a$, 범위의 중앙은 $x=0$

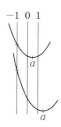

$0\leqq a<1$일 때, 최댓값 : $f(-1)=1+2a+b=1$

최솟값 : $f(a)=b-a^2=-1$

따라서 $a=-1\pm\sqrt{2}$, $a>0$ → $a=-1+\sqrt{2}$, $b=2-\sqrt{2}$

$1\leqq a$일 때, 최댓값 : $f(-1)=1+2a+b=1$

최솟값 : $f(1)=1-2a+b=-1$

따라서 $a=\frac{1}{2}$, $b=-1$

이는 a, b 조합의 하나이기는 하지만, 해답의 형식에 맞지 않는다.

(1) $f(x)=(x-2)^2+a-4$ 따라서 축 : $x=2$

ⅰ) $0<b<2$일 때,

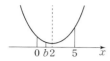

$M=f(5)=5+a$

$m=f(2)=a-4$

$M=9$, $m=4$이라고 하면 a를 구할 수 없다.

ⅱ) $2\leqq b\leqq5$일 때,

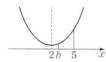

$M=f(5)=5+a=9$ 따라서 $a=4$

$m=f(b)=b^2-4b+a=5$

$$b^2-4b-1=0$$

따라서 $b=2\pm\sqrt{5}$, $2\leqq b$이므로 $b=2+\sqrt{5}$

(2) 정의 영역이 존재하기 위해

$-a-1<3a+1$로부터 $-\dfrac{1}{2}<a$

$f(x)=|(x-a)^2-(2a+1)^2|$이고 축은 $x=a$

$f(x)=|(x+a+1)(x-3a-1)|$로 인수분해되어 그래프는 그림과 같이 된다.

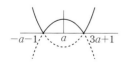

$M=f(a)=|-(2a+1)^2|=(2a+1)^2$

$(2a+1)^2=9$로부터

$a=1$, -2 $-\dfrac{1}{2}<a$이므로 $a=1$

(1) ① $A+B=0 \rightarrow 2x^2+(3a-2)x+2=0$

   $D=(3a-2)^2-4 \cdot 2 \cdot 2 \geqq 0$

   $(3a+2)(3a-6) \geqq 0$ 으로부터

   $a \leqq -\dfrac{2}{3},\ 2 \leqq a$

   ② A　$\dfrac{D}{4}=a^2-1 \geqq 0$

   　따라서 $a \leqq -1,\ 1 \leqq a$

   　B　$D=(a-2)^2-4 \cdot 1 \geqq 0$

   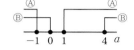

   　따라서 $a \leqq 0,\ 4 \leqq a$

   　적어도 한쪽이 성립하면 되므로 $a \leqq 0,\ 1 \leqq a$

   ③ $A^2+B^2=0 \iff A=B=0$

   　둘 다 성립하는 a의 범위는 $-1 \leqq a,\ 4 \leqq a$

(2) x는 이 2차 방정식의 해로서 얻을 수 있다. 그것이 실수라는 사실은 이 방정식이 실수 해
를 갖는다는 뜻이므로

   $D=(3a)^2-4 \cdot 2(a^2+1) \geqq 0$

   $a^2-8 \geqq 0$ 따라서 $a \leqq -2\sqrt{2},\ 2\sqrt{2} \leqq a$

$D=a^2-4 \cdot \dfrac{1}{2}(-b)=0$

따라서 $b=-\dfrac{1}{2}a^2$이므로

$a-b=a+\dfrac{1}{2}a^2=\dfrac{1}{2}(a+1)^2-\dfrac{1}{2}$

이(a의) 2차 함수의 최솟값은 $-\dfrac{1}{2}$

따라서 $a-b \geqq -\dfrac{1}{2}$

$x^2+kx+2k=x+2$로 하고

$x^2+(k-1)x+2(k-1)=0$의

$D=(k-1)^2-4\cdot2(k-1)$

$\quad=(k-1)(k-9)$이므로

$D>0$: $k<1$, $9<k$일 때, 다른 두 점에서 만나므로 공유점은 2개.

$D=0$: $k=1$, 9일 때, 한 점에서 만나므로 공유점은 1개.

$D<0$: $1<k<9$일 때, 공유점은 없으므로, 0개.

$x^2-4x+6=-x^2+2m+2$

$x^2-2x-(m-2)=0$의

$\dfrac{D}{4}=(-1)^2+(m-2)=0$ 따라서 $m=1$

※ '두 개의 그래프가 한 점에서 만난다', '$f(x)=g(x)$를 만족시키는 x가 하나만 존재한다' 등
의 표현도 의미는 같다.

$x<-2$일 때, $f(x)=-(x+2)(x-2)-\{-(x+2)(x-2)\}+6=6$

$-2\leqq x<2$일 때, $f(x)=(x+2)(x-2)-\{-(x+2)(x-2)\}+6=2x^2-2$

$2\leqq x$일 때, $f(x)=(x+2)(x-2)-(x+2)(x-2)+6=6$

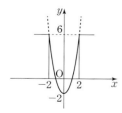

$6<a$ 　　　0개

$a=6$ 　　　무수(無數)

$-2<a<6$ 　2개

$a=-2$ 　　1개

$a<-2$ 　　0개

(1) a, b는 2차 방정식

　$t^2-t-30=0$의 해이고,

　$(t+5)(t-6)=0$ 따라서 $t=-5,\ 6$

　$a>b$이므로 $a=6,\ b=-5$

(2) $\alpha=\dfrac{(\sqrt{5}+\sqrt{3})^2}{(\sqrt{5}-\sqrt{3})(\sqrt{5}+\sqrt{3})}=\dfrac{8+2\sqrt{15}}{2}=4+\sqrt{15}$

　마찬가지로 $\beta=4-\sqrt{15}$

　$\alpha+\beta=8,\ \alpha\beta=1$

　따라서 구할 방정식은 $x^2-8x+1=0$

(3) 해와 계수의 관계로부터 $\alpha+\beta=-5,\ \alpha\beta=3$

　2α, 2β를 해로 하는 2차 방정식은

　$(x-2\alpha)(x-2\beta)=0$

　$x^2-2(\alpha+\beta)+4\alpha\beta=0$에

　$\alpha+\beta=-5,\ \alpha\beta=3$을 대입해서 $x^2-2(-5)x+4\cdot3=0$

　따라서 $x^2+10x+12=0$

(1) $(-2,\ -2)$를 통과하므로 $4a-2b+c=-2$,

　$(3,3)$을 통과하므로 $9a+3b+c=3$

　따라서 $b=1-a$, $c=-6a$이고 $f(x)=ax^2+(1-a)x-6a$가 되어

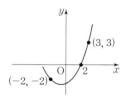

　ⅰ) $f(0)<0$ 또한 $f(2)\geqq0$

　　$-6a<0$ 따라서 $a>0$

　　$a\cdot4+2(1-a)-6a\geqq0$이므로 $a\leqq\dfrac{1}{2}$　따라서 $0<a\leqq\dfrac{1}{2}$이다.

　ⅱ) $f(0)>0$ 또한 $f(2)\leqq0$

　　$a<0$, $a\geqq\dfrac{1}{2}$　이것을 동시에 만족시키는 a는 존재하지 않는다.

(2) $y=a\left(x+\dfrac{b}{a}\right)^2-\dfrac{b^2}{a}+c$

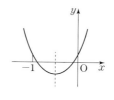

따라서 축 : $x=-\dfrac{b}{a}$

① $-1<-\dfrac{b}{a}<0$이고 $a>0$이므로

   $-a<-b<0$, $a>b>0$ 따라서 $a>b$

② ①에 의해 $b>0$

   $f(0)>0$ 따라서 $c>0$

③ $f(-1)>0$, $a-2b+c>0$ 따라서 $a+c>2b$

④ 공유점을 가지므로

   $ax^2+2bx+c=0$의 $D=b^2-ac\geqq0$

   $a>b$ (①), $c>0$ (②) 따라서 $ac>bc$

   두 개의 부등식의 변변을 더해 $b^2>bc$

   따라서 $b(b-c)>0$, $b>0$이므로 $b>c$

(3)

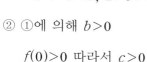

$f(-4)\geqq0 \quad 16+8(a-4)+2a\geqq0 \;\rightarrow\; a\geqq\dfrac{8}{5}$

$f(-3)<0 \quad 9+6(a-4)+2a<0 \;\;\rightarrow\; a<\dfrac{15}{8}$

$f(-1)<0 \quad 1+2(a-4)+2a<0 \;\;\rightarrow\; a<\dfrac{7}{4}$

$f(0)\geqq0 \quad 2a\geqq0 \qquad\qquad\qquad \rightarrow\; a\geqq0$

네 가지 조건을 모두 만족시키는 a는 $\dfrac{8}{5}\leqq a<\dfrac{7}{4}$

A⁺ 연습문제 2-18

① $(x+3)(x-4)<0$ 따라서 $-3<x<4$

② 〈예제2-18〉로부터 $x<-2,\ \dfrac{2}{a}<x$

ⅰ) $\dfrac{2}{a}\geqq4$ 즉 $a\leqq\dfrac{1}{2}$ 일 때 $-3<x<-2$

ⅱ) $\dfrac{2}{a}<4$ 즉 $\dfrac{1}{2}<a$ 일 때 $-3<x<-2,\ \dfrac{2}{a}<x<4$

A⁺ 연습문제 2-19

(1) $x^2-(m+6)x+(am+8)=0$ …①

①이 실수해를 가질 때

$D=(m+6)^2-4(am+8)\geqq0$ 이므로

$m^2+2(6-2a)m+4\geqq0$ …②

②가 모든 실수에 대해 성립할 때

$m^2+2(6-2a)m+4=0$ 의

$\dfrac{D}{4}=(6-2a)^2-4\leqq0$

따라서 $2\leqq a\leqq4$

(2) ① $x^2-2(a+1)x+16=0$ 의

$D=(a+1)^2-16<0$

따라서 $-5<a<3$

② $f(x)=\{x-(a+1)\}^2-a^2-2a+15$

축 : $x=a+1$

ⅰ) $a+1<0$ 즉 $a<-1$ 일 때

$f(0)=16>0$

따라서 a의 값에 상관없이 항상 성립한다.

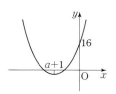

ii) $a+1 \geq 0$ 즉 $-1 \leq a$일 때

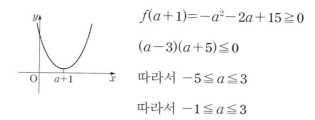

$f(a+1) = -a^2 - 2a + 15 \geq 0$

$(a-3)(a+5) \leq 0$

따라서 $-5 \leq a \leq 3$

따라서 $-1 \leq a \leq 3$

i), ii)를 아울러서 $a \leq 3$

도전! 기출문제 2-1

$y = 2\left(x + \dfrac{a}{4}\right)^2 - \dfrac{a^2}{8} + 3$ 정점: $\left(-\dfrac{a}{4}, -\dfrac{a^2}{8} + 3\right)$

(1) 정점이 제1사분면 x좌표: $-\dfrac{a}{4} > 0$ 따라서 $a < 0$ …①

$\quad\quad\quad\quad y$좌표: $-\dfrac{a^2}{8} + 3 > 0$

$\quad\quad\quad\quad a^2 - 24 = (a + 2\sqrt{6})(a - 2\sqrt{6}) < 0$

$\quad\quad\quad\quad$따라서 $-2\sqrt{6} < a < 2\sqrt{6}$ …②

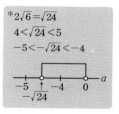

①, ②에 의해 $-2\sqrt{6} < a < 0$

이 범위에 있는 최소 정수는 $a = -4^{*}$

(2) $y = 2\left(x + \dfrac{1}{n}\right)^2 - 4\left(x + \dfrac{1}{n}\right) + 3 + \dfrac{6}{n^2}$을 정리하여

$\quad = 2x^2 + \underbrace{\left(\dfrac{4}{n} - 4\right)}_{p}x + \underbrace{\left(\dfrac{8}{n^2} - \dfrac{4}{n} + 3\right)}_{q}$

(3) p가 정수 : $\dfrac{4}{n}$가 정수가 되는 자연수 n은 4의 약수로, 1, 2, 4 세 개이다.

(4) q가 정수 : $\dfrac{8}{n^2}$도 정수가 된다. $n = 1, 2$ $\left(\left(\dfrac{8}{4^2}\right)\text{은 정수가 되지 않는다.}\right)$

이 중에서 q가 최소가 되는 것은 n이 최대(2)가 될 때로,

$n = 2$일 때, $q = \dfrac{8}{2^2} - \dfrac{4}{2} + 3 = 3$

AB	C	D	EF	G	H	I	J	K	L	M	N
-2	6	0	-4	4	4	8	4	3	3	2	3

(1) A, B, C를 통과하는 포물선은 아래에 凸, x^2의 계수 > 0이고,

B, C, D를 통과하는 포물선은 위에 凸, x^2의 계수 < 0이다.

l, m의 x^2의 계수 중 큰 것은 $a+1$. 따라서 A, B, C를 통과하

는 포물선은 m ($a < 0 < a+1$)

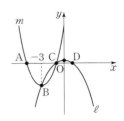

(2) B, C의 x좌표를 구하기 위해 l, m의 식을 연립방정식으로 한다.

$(a+1)x^2 + 2(b+2)x + c + 3 = ax^2 + 2bx + c$

따라서 $x^2 + 4x + 3 = 0$

$\qquad (x+3)(x+1) = 0$

$\qquad x = -3, -1$

B가 C보다 왼쪽에 있으므로 B의 x좌표는 -3, C의 x좌표는 -1이다.

(3) 포물선 l의 축은 $x = 0$(y축)이므로, $b = 0$

포물선 m의 축은 점 B를 통과하므로 축은 $x = -3$

$l : y = ax^2 + c$가 $(-1, 0)$을 통과하므로 $a + c = 0$ $\cdots$①

$m : y = (a+1)x^2 + 4x + c + 3$의 축은 $x = -\dfrac{2}{a+1} = -3$ 따라서 $a = -\dfrac{1}{3}$

①에 대입하면 $c = \dfrac{1}{3}$

A	BC	DE	FG	H	IJ	KL	MN
1	43	-3	-1	0	-3	13	13

$f(x) = \dfrac{3}{4}(x^2 - 4x + 4 - 4) + 4 = \dfrac{3}{4}(x-2)^2 + 1$ 축 : $x = 2$

(i) $2 \leq a$일 때

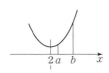

$f(a) = \dfrac{3}{4}a^2 - 3a + 4 = a$ 따라서 $a = \dfrac{4}{3}$, 4

$f(b) = \dfrac{3}{4}b^2 - 3b + 4 = b$ 따라서 $b = \dfrac{4}{3}$, 4

$a < b$이므로 $a = \dfrac{4}{3}$, $b = 4$, a는 부적절 $(2 \leq a)$

(ii) $0 < a < 2$일 때

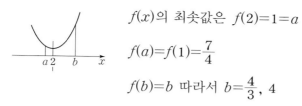

$f(x)$의 최솟값은 $f(2)=1=a$

$f(a)=f(1)=\dfrac{7}{4}$

$f(b)=b$ 따라서 $b=\dfrac{4}{3},\ 4$

$f(a)<b$이므로 $b=4$

M	NQ	P	Q	R	ST	U
2	43	4	1	1	74	4

제3장 | 도형과 계량(図形と計量)

A⁺ 연습문제 3-1

(1) $\triangle ABO$로 $\cos\theta = \dfrac{OB}{AB}$, $OB = AB\cos\theta = x\cos\theta$

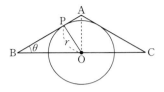

(2) $\triangle OBP$로 $\sin\theta = \dfrac{OP}{OB}$, $OP = OB\sin\theta$

$$r = x\sin\theta\cos\theta$$

(3) $\cos^2\theta + \sin^2\theta - 2\sin\theta\cos\theta \geqq 0$

$1 \geqq 2\sin\theta\cos\theta$

따라서 $\sin\theta\cos\theta \leqq \dfrac{1}{2}$, $r = x\sin\theta\cos\theta \leqq \dfrac{1}{2}x$

따라서 r의 최댓값은 $\dfrac{x}{2}$

(r이 최대가 되는 것은 $\cos\theta - \sin\theta = 0 \rightarrow \cos\theta = \sin\theta$, 즉 $\theta = \dfrac{1}{4}\pi$일 때)

A⁺ 연습문제 3-2

(1) $\triangle ABC$로 $\cos A = \dfrac{5^2 + 5^2 - 7^2}{2\cdot5\cdot5} = \dfrac{1}{50}$

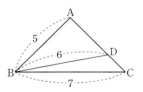

$\triangle ABD$로 $AD = x$라고 하면

$6^2 = 5^2 + x^2 - 2\cdot5\cdot x\cdot\dfrac{1}{50}$

$5x^2 - x - 55 = 0$ 따라서 $x = \dfrac{1 \pm 15\sqrt{5}}{10}$

$x > 0$이므로 $x = \dfrac{1 + 15\sqrt{5}}{10}$

(2) $\dfrac{AC}{\sin B} = 2R$, $\dfrac{4}{\sin B} = 2\cdot3$ 따라서 $\sin B = \dfrac{2}{3}$

$\cos B = \sqrt{1 - \left(\dfrac{2}{3}\right)^2} = \dfrac{\sqrt{5}}{3}$

$4^2 = 4^2 + BC^2 - 2\cdot4BC\cdot\dfrac{\sqrt{5}}{3}$

$3BC^2 - 8\sqrt{5}BC = 0$, $BC \neq 0$, $BC = \dfrac{8\sqrt{5}}{3}$

(3) $\triangle ABC = \frac{1}{2} \cdot 8 \cdot 6 \sin 60° = 12\sqrt{3}$

$\triangle APQ = \frac{1}{2}x \cdot AQ \cdot \sin 60° = \frac{\sqrt{3}}{4}x \cdot AQ$

$\frac{\sqrt{3}}{4}x \cdot AQ = 12\sqrt{3} \times \frac{1}{2}$ 따라서 $AQ = \frac{24}{x}$

$\triangle APQ$로 $PQ^2 = x^2 + \left(\frac{24}{x}\right)^2 - 2x \cdot \frac{24}{x} \cdot \frac{1}{2}$

$$= x^2 + \left(\frac{24}{x}\right)^2 - 24$$

$$= \left(x - \frac{24}{x}\right)^2 + 24$$

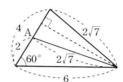

PQ는 $x = \frac{24}{x}$, $x^2 = 24$, $x > 0$, $x = 2\sqrt{6}$ 일 때, 최솟값 $\sqrt{24} = 2\sqrt{6}$ 을 취한다.

(4) $\cos 60° = \frac{AB^2 + 6^2 - (2\sqrt{7})^2}{2 \cdot 6 AB} = \frac{1}{2}$

따라서 $AB^2 - 6AB + 8 = 0$

$$(AB - 2)(AB - 4) = 0$$

따라서 $AB = 2, 4$

둔각삼각형이므로 $AB = 2$

(이 조건에 맞는 삼각형은 두 개가 존재하는데, $AB = 4$라고 하면, $\angle A < 90°$으로 둔각삼각형이 안 된다.)

(5) ① $BC^2 = 3^2 + 2^2 - 2 \cdot 2 \cdot 3 \cdot \frac{1}{3} = 9$, $BC > 0$, $BC = 3$

② 사각형이 원에 내접해 있으므로, $\cos \angle BDC = -\cos A = -\frac{1}{3}$ (〈제6장 도형의 성질〉 참조)

$\angle BCD = \angle BAD = \angle CAD = \angle CBD$ 따라서 $\triangle BCD$는 이등변 삼각형.

$BD = CD = x$라고 두면 $BC^2 = x^2 + x^2 - 2x \cdot x \cdot \left(-\frac{1}{3}\right) = 9$

$8x^2 = 27$, $x > 0$, $x = \sqrt{\frac{27}{8}} = \frac{3\sqrt{6}}{4}$

(6) ① 사각형이 원에 내접해 있으므로

$\angle BAD + \angle BCD = 180°$

$\angle BCD = 180° - \theta$

$(\cos \angle BCD = -\cos \theta)$

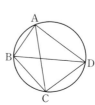

$\triangle$ABD로 $BD^2=1^2+(\sqrt{3})^2-2\cdot1\cdot\sqrt{3}\cos\theta$ ……(ⅰ)

$\triangle$BCD로 $BD^2=(\sqrt{2})^2+(\sqrt{2})^2-2\sqrt{2}\cdot\sqrt{2}(-\cos\theta)$ ……(ⅱ)

(ⅰ), (ⅱ)에 의해 $4-2\sqrt{3}\cos\theta=4+4\cos\theta$

$$2(2+\sqrt{3})\cos\theta=0 \text{ 따라서 } \cos\theta=0,\ \theta=90°$$

$BD^2=4$이므로 $BD=2$ ($\triangle$ABD, $\triangle$BCD는 각각 정삼각형, 정방형을 이등분한 삼각형〈

삼각자〉임을 알 수 있다.)

② $\angle BAC=\angle BDC=45°$

$\angle BCA=\angle BDA=30°$

$\triangle$ABC로 $AB^2=1^2=(\sqrt{2})^2+AC^2-2\sqrt{2}\,AC\cdot\dfrac{\sqrt{3}}{2}$

$AC^2-\sqrt{6}\,AC+1=0$이므로

$AC=\dfrac{\sqrt{6}\pm\sqrt{2}}{2}$ AC는 $\triangle$ABC에서 가장 긴 변이므로

$AC=\dfrac{\sqrt{6}+\sqrt{2}}{2}$

A⁺ 연습문제 3-3

(1) $\dfrac{BC}{\sin A}=\dfrac{AB}{\sin C}$ 따라서 $\dfrac{\sin A}{\sin C}=\dfrac{BC}{AB}=\dfrac{4}{3}$

(2)

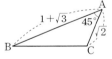

① $BC^2=(1+\sqrt{3})^2+(\sqrt{2})^2-2(1+\sqrt{3})\sqrt{2}\cdot\dfrac{1}{\sqrt{2}}=4$

$BC>0,\ BC=2$

② $2R=\dfrac{BC}{\sin A}=\dfrac{2}{\dfrac{1}{\sqrt{2}}}$ 이므로 $R=\sqrt{2}$

③ $2R=2\sqrt{2}=\dfrac{\sqrt{2}}{\sin B}$ 이므로 $\sin B=\dfrac{1}{2}$

$\angle B$는 가장 작은 각이므로 $30°$

$\angle C=180°-(30°+45°)=105°$

(1) $\triangle ABC = \dfrac{1}{2}AB \cdot AC \cdot \sin A = \dfrac{1}{2} \cdot 3 \cdot 2 \sin A = 3 \sin A$

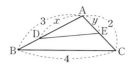

$\triangle ADE = \dfrac{1}{2}xy \cdot \sin A$

$\triangle ADE = \dfrac{1}{3}\triangle ABC, \quad \dfrac{1}{2}xy \cdot \sin A = \dfrac{1}{3} \cdot 3 \sin A$

따라서 $xy = 2$

(2) $\triangle ABC = \dfrac{1}{2}AB \cdot AC \cdot \sin A$

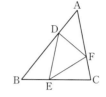

$\triangle DEF = \dfrac{1}{2}AD \cdot AF \cdot \sin A$

$\qquad = \dfrac{1}{2} \cdot \dfrac{1}{4}AB \cdot \dfrac{2}{3}AC \cdot \sin A$

$\qquad = \dfrac{1}{6} \cdot \dfrac{1}{2}AB \cdot AC \cdot \sin A = \dfrac{1}{6}S$

마찬가지로 $\triangle BED = \dfrac{3}{10}S, \ \triangle CFE = \dfrac{1}{5}S$

$\triangle DEF = \triangle ABC - (\triangle ADF + \triangle BED + \triangle CFE)$

$\qquad = S - \left(\dfrac{1}{6}S + \dfrac{3}{10}S + \dfrac{1}{5}S\right) = \dfrac{1}{3}S$

(3) $S = \dfrac{1}{2} \cdot 6x \sin 30° = \dfrac{3}{2}x$

$S = \dfrac{1}{2} \cdot 1 \cdot (6+x+y) = \dfrac{1}{2}(x+y+6)$

$\dfrac{3}{2}x = \dfrac{1}{2}(x+y+6)$이므로 $y = 2x - 6$

$y^2 = 6^2 + x^2 - 2 \cdot 6x \cos 30° = x^2 - 6\sqrt{3}\,x + 36$

$(2x-6)^2 = x^2 - 6\sqrt{3}\,x + 36$

이것을 정리하면

$x\{x - 2(4-\sqrt{3})\} = 0, \quad x = 2(4-\sqrt{3})$

(1) $\sin A = \sqrt{1 - \left(-\dfrac{1}{4}\right)^2} = \dfrac{\sqrt{15}}{4}$

(2) $\triangle ABD$로 $\dfrac{BD}{\sin A} = 8$, $BD = 8\sin A = 2\sqrt{15}$

$\triangle ABC$로 $\dfrac{AC}{\sin 60°} = 8$, $AC = 8 \cdot \dfrac{\sqrt{3}}{2} = 4\sqrt{3}$

(3) $\triangle ABC$로 $\cos 60° = \dfrac{1}{2} = \dfrac{BC^2 + 4^2 - (4\sqrt{3})^2}{2BC \cdot 4}$

따라서 $(BC + 4)(BC - 8) = 0$, $BC > 0$이므로 $BC = 8$

BC는 지름이므로 $\angle BDC = 90°$

$CD^2 = 8^2 - (2\sqrt{15})^2 = 4$, $CD = 2$

ABC	DEF	GH	I	J
154	215	43	8	2

$\tan \angle ABD = \dfrac{3}{4}$ 그림의 빗변은 5, $\cos \angle ABD = \dfrac{4}{5}$

$DA^2 = 3^2 + 5^2 - 2 \cdot 3 \cdot 5 \cdot \dfrac{4}{5} = 10$

따라서 $DA = \sqrt{10}$

$\sin \angle ABD = \dfrac{3}{5}$

BC는 지름이므로 $\dfrac{AD}{\sin \angle ABD} = BC$, $BC = \dfrac{\sqrt{10}}{\frac{3}{5}} = \dfrac{5\sqrt{10}}{3}$

$CD^2 = BC^2 - BD^2 = \left(\dfrac{5\sqrt{10}}{3}\right)^2 - 5^2 = \dfrac{25}{9}$, $CD = \dfrac{5}{3}$

$S = \triangle ABD + \triangle BCD = \dfrac{1}{2} \cdot 3 \cdot 5 \cdot \dfrac{3}{5} + \dfrac{1}{2} \cdot 5 \cdot \dfrac{5}{3} = \dfrac{26}{3}$

LM	NO	PQ	RSTU	VW	XYZ
45	10	35	5103	53	263

$\cos \angle BAD = t \rightarrow BD^2 = (\sqrt{3} + \sqrt{2})^2 + (\sqrt{3} - \sqrt{2})^2 - 2(\sqrt{3} + \sqrt{2})(\sqrt{3} - \sqrt{2})t = 10 - 2t$ ···①

$\dfrac{BD}{\sin \angle BAD} = 2\sqrt{3}$ 이므로 $BD = 2\sqrt{3} \cdot \sin \angle BAD$

$$BD^2 = (2\sqrt{3})^2 \cdot \sin^2 \angle BAD$$

$\sin^2 \angle BAD = 1 - \cos^2 \angle BAD = 1 - t^2$ 이므로 $BD^2 = 12(1 - t^2)$ ···②

①, ②로부터 $12(1 - t^2) = 10 - 2t$

$$6t^2 - t - 1 = (2t - 1)(3t + 1) = 0$$

$\angle BAD < 90°$ 즉 $0 < \cos < BAD < 1$ 이므로 $t = \dfrac{1}{2}$

따라서 $\angle BAD = 60°$

①에 $t = \dfrac{1}{2}$ 을 대입해서 $BD^2 = 10 - 1 = 9$, $BD = 3$

또 $\angle BCD = 180° - 60° = 120°$ (원 내접 사각형의 대각)

$BC = x$, $CD = y$

$3^2 = x^2 + y^2 - 2xy\left(-\dfrac{1}{2}\right)$ $(\cos \angle BCD = -\cos \angle BAD)$

$x^2 + y^2 + xy = 9$ 를 변형해서

$(x + y)^2 - xy = 9$

사각형 ABCD의 면적은

$\triangle ABD + \triangle BCD = \dfrac{1}{2}(\sqrt{3} + \sqrt{2})(\sqrt{3} - \sqrt{2}) \cdot \dfrac{\sqrt{3}}{2} + \dfrac{1}{2}xy \cdot \dfrac{\sqrt{3}}{2}$ $(\sin \angle BCD = \sin \angle BAD)$

$\dfrac{\sqrt{3}}{4} + \dfrac{\sqrt{3}}{4}xy = \dfrac{3\sqrt{3}}{4}$ 따라서 $xy = 2$

$(x + y)^2 - 2 = 9$ 이므로 $x + y = \sqrt{11}$

구할 주(周)의 길이는 $(\sqrt{3} + \sqrt{2}) + \sqrt{11} + (\sqrt{3} - \sqrt{2}) = 2\sqrt{3} + \sqrt{11}$

ABC	DEF	GH	IJ	K	LMN	O	P	QRST
102	121	12	60	3	120	9	2	2311

(1) $\triangle ABC = \dfrac{1}{2}(6\sqrt{2})^2 \sin \angle ABC = 18\sqrt{3}$ 이므로

$\sin \angle ABC = \dfrac{\sqrt{3}}{2}$, $\angle ABC$는 예각이므로 $\boxed{60}^\circ$ $\boxed{AB}$

사각형 ABCD는 원에 내접해 있으므로

$\angle ADC = 180^\circ - \angle ABC = \boxed{120}^\circ$ $\boxed{CDE}$

(2) $AC^2 = (6\sqrt{2})^2 + (6\sqrt{2})^2 - 2 \cdot 6\sqrt{2} \cdot 6\sqrt{2} \cdot \dfrac{1}{2} = 72$

따라서 $AC = 6\sqrt{2}$ ($\triangle ABC$는 정삼각형) $\boxed{FG}$

$\triangle ACD$로 $\sin$ 정리를 사용하면

$\dfrac{AC}{\sin \angle ADC} = \dfrac{CD}{\sin \angle CAD}$, $\dfrac{6\sqrt{2}}{\dfrac{\sqrt{3}}{2}} = \dfrac{2\sqrt{6}}{\sin \angle CAD}$

따라서 $\sin \angle CAD = \dfrac{1}{2}$, $\angle CAD$는 예각이므로 $\angle CAD = \boxed{30}^\circ$ $\boxed{HI}$

이 때, 사각형 ACDE는 원에 내접하고 또 $\angle ACD = 180^\circ - (\angle ADC + \angle CAD) = 30^\circ$

따라서 $\angle AED = 180^\circ - \angle ACD = \boxed{150}^\circ$ $\boxed{JKL}$

(3) $\triangle DAC$는 $\angle DAC = \angle ACD (= 30^\circ)$의 이등변 삼각형이므로 $AD = CD = 2\sqrt{6}$

$\triangle AED$로 $AD^2 = AE^2 + DE^2 - 2AE \cdot DE \cdot \cos AED$

$(2\sqrt{6})^2 = x^2 + 4^2 - 2x \cdot 4\left(-\dfrac{\sqrt{3}}{2}\right)$

$24 = x^2 + 16 + 4\sqrt{3}\,x$이므로 $x^2 + 4\sqrt{3}\,x - 8 = 0$, $x = -2\sqrt{3} \pm 2\sqrt{5}$ $\boxed{MN}$ $\boxed{O}$

$x > 0$이므로 $AE = -2\sqrt{3} + 2\sqrt{5} = 2(\sqrt{5} - \sqrt{3})$ $\boxed{PQ}$ $\boxed{R}$

AB	CDE	FG	HI	JKL	MNO	PQR
60	120	62	30	150	438	253

제4장 경우의 수와 확률(場合の数と確率)

🅰️ 연습문제 4-1

(1) '같은 것을 포함하는 순열(同じものを含む順列)'(제4장의 〈연습4-4〉에 나옴)을 이용하면

$$\frac{4!}{2!2!}=6개$$

(2) 맨 앞(왼쪽 끝)에 0을 사용할 수 없으므로

3 ☐ ☐ ☐. 아래 세 자리에 0, 0, 3을 넣는다. $\frac{3!}{2!}=3$개

(3) • 0을 포함하지 않는 2종 1·2, 1·3, 2·3의 3가지

　　　각각 (1)에 따라 6개씩 있으므로 6 × 3 = 18개

　　• 0을 포함하는 2종 0·1, 0·2, 0·3의 3가지

　　　각각 (2)에 따라 3개씩 있으므로 3 × 3 = 9개

　　합의 법칙에 따라 18 + 9 = 27개

🅰️ 연습문제 4-2

'A가 어느 방에 들어갈까?'를 생각하지 말고 6개의 방에서 4개를 골라 A, B, C, D에 배정한다고 생각하면 $_6P_4=360$가지.

('6명 중 4명이 일렬로 선다'거나 '1 ∼ 6의 6개 숫자 중 4개를 한 번씩만 사용해 4단위의 정수를 만든다'는 등도 같은 방식으로 처리할 수 있다.)

🅰️ 연습문제 4-3

여자 3명을 1명으로 보고, 남자 4명과 아우른 5명의 배열법은 5!

여자 3명의 배열법은 3!

5! × 3! = 720개

N, N, O, O의 배열법은 $\dfrac{4!}{2!2!}=6$개(〈4-5〉 참조)

ex) ___ , N, ___ , O , ___ , O, ___ , N, ___

G, H, I는 5군데에서 3군데를 골라 배열하므로 $6 \times {}_5P_3 = 360$가지.

7군데 중 N, O가 2개씩 있으므로

$\dfrac{7!}{2!2!}=1260$가지.

(1) 한 사람마다 3개의 방에 들어갈 수 있으므로 $3^4 = 81$가지.

(2) • 빈방이 2개가 되는 경우

　　전원이 1번 방에 또는 2번 방에 또는 3번 방에 들어가는 3가지가 있다.

　• 빈방이 1개가 되는 경우

　　3번 방을 비워 두고 4명이 1번 또는 2번 방에 들어간다고 생각하면 $2^4 = 16$가지인데,

　　이 중에는 전원이 1번 방에 들어가거나 2번 방에 들어가는 경우도 포함되므로, 이 때는

　　빈방이 2개가 된다. 따라서 이 2가지를 제외하면 ($2^4 - 2$)가지.

　　1번 방, 2번 방을 빈방으로 하는 경우도 각각 같은 수만큼 있으므로, 빈방이 하나만 생

　　기는 것은 $3(2^4 - 2)$가지.

　　따라서 빈방이 생기지 않는 경우는 $81 - \{3 + 3(2^4 - 2)\} = 36$가지.(뒤에 나오는 '여사건' 관

　　련 항목 참조)

(1) ① $_6C_3 = 20$가지.

② 직각삼각형은 외접원의 지름을 빗변으로 하여,

하나의 지름에 4개가 생긴다.

지름은 3개 있으므로 $4 \times 3 = 12$개.

(2) ① 각자 들어가는 방법이 5가지 있으므로 $5^4 = 625$가지.

② 어느 3명이 어느 방에 들어가는지를 보면 $_4C_3 \times 5 = 20$가지.

나머지 1명은 나머지 4개의 방 중에서 1곳에 들어가므로 $20 \times 4 = 80$가지.

③ 1번 방에 아무도 들어가지 않는다. 즉 4명이 2번~5번의 4개 방에 들어가는 경우는

$4^4 = 256$

이것은 전체(①)에서 빼면 된다.

$625 - 256 = 369$가지.

도전! 기출문제 4-1

(1) A : $x = y = z = 1 \sim x = y = z = 6$ 즉 6가지.

B : $1 + 1 + 4$가 3가지 ($_3C_1$).

$1 + 2 + 3$이 6가지 (3!).

$2 + 2 + 2$가 1가지.

합계 10가지.

C : $1 + 1 = 2$, $2 + 2 = 4$, $3 + 3 = 6$가 각각 1가지. 합계 3가지.

$1 + 2 = 3$, $1 + 3 = 4$, $1 + 4 = 5$, $1 + 5 = 6$, (x, y의 교체) $4 \times 2 = 8$가지.

$2 + 3 = 5$, $2 + 4 = 6$가 각각 2가지(x, y의 교체). $2 \times 2 = 4$가지, 합계 15가지.

(2) $A \cap B$: $x = y = z = 2$일 때, 1가지.

$B \cap C$: $x = 1$, $y = 2$, $z = 3$

$x = 2$, $y = 1$, $z = 3$ 2가지.

$C \cap A$로 되는 경우는 없으므로 0.

(3) $B \cup C$: (B의 10가지)+(C의 15가지)−($B \cap C$의 2가지)

그 확률은 $\dfrac{10+15-2}{6^3}=\dfrac{23}{216}$

J	KL	MN	O	P	Q	RSTUV
6	10	15	1	2	0	23216

A⁺ 연습문제 4-8

(1) ① $_5P_3=60$개.

② 1의 자리가 2일 때, 십, 백의 자리는 $_4P_2=12$개.

1의 자리가 4일 때도 마찬가지로 12개.

따라서 $12+12=24$개 (합의 법칙)

③ 짝수가 될 확률은 $\dfrac{24}{60}=\dfrac{2}{5}$이므로

홀수가 될 확률은 $1-\dfrac{2}{5}=\dfrac{3}{5}$ (여사건의 확률)

④ 합이 6 : 1과 2와 3

합이 7 : 1과 2와 4

합이 8 : 1과 2와 5, 1과 3과 4 (가짓수)

합이 8 이하가 되는 3개의 수의 조합은 4가지

그것들을 배열하여 생기는 3자리 정수는 $3!=6$개로 합계 $6 \times 4=24$개 생기므로 확률은 $\dfrac{24}{60}=\dfrac{3}{5}$

(2) ① $_{10}C_2=45$가지.

② 비당첨 복권 8개에서 2개를 빼는 것이므로 $\dfrac{_8C_2}{45}=\dfrac{28}{45}$

③ ②의 여사건이므로 $1-\dfrac{28}{45}=\dfrac{17}{45}$

④ 첫 번째 뽑기에서 2개 모두 비당첨일 확률은 ②에 의해 $\dfrac{28}{45}$

두 번째는 8개 중 2개의 당첨 복권을 2개 모두 뽑는 것이므로 $\dfrac{_2C_2}{_8C_2}=\dfrac{1}{28}$

따라서 $\dfrac{28}{45} \times \dfrac{1}{28} = \dfrac{1}{45}$ (곱의 법칙)

(3) ① 첫 번째는 8장에서 1장 뽑는 것이므로 8가지.

두 번째는 7장에서 1장 뽑는 것이므로 7가지.

세 번째는 6장에서 1장 뽑는 것이므로 6가지.

따라서 $_8P_3 = 336$가지.

② a는 -3, -2, -1의 3가지.

(b, c)의 조합은 $(1, 2)$, $(1, 3)$, $(1, 4)$, $(2, 3)$, $(2, 4)$, $(3, 4)$의 6가지.

$a < 0 < b < c$가 되는 것은 $3 \times 6 = 18$가지이므로 확률은 $\dfrac{18}{336} = \dfrac{3}{56}$

③ $_8C_2 = 28$가지.

④ 곱이 음수가 되는 것은

-3, -2, -1에서 1장(3가지)과 1, 2, 3, 4에서 1장(4가지) 뽑을 때이므로

$3 \times 4 = 12$가지

음수가 될 확률은 $\dfrac{12}{28} = \dfrac{3}{7}$

음수가 되지 않을 확률은 $1 - \dfrac{3}{7} = \dfrac{4}{7}$ (여사건)

(4) 이 문제에서는 서로 상대의 카드를 뽑는다는 사실에 주의하자.

5장에서 2장을 뽑는 방법은 $_5C_2$가지.

① A는 B의 스페이드 4장에서 2장을 뽑는 것이므로, 뽑는 방법은 $_4C_2$가지.

B는 A의 하트 3장, 스페이드 2장에서 각 1장씩 뽑는 것이므로 뽑는 법은 $(_3C_1 \times _2C_1)$ 가지.

따라서 확률은 $\dfrac{_4C_2}{_5C_2} \times \dfrac{_3C_1 \times _2C_1}{_5C_2} = \dfrac{9}{25}$ (곱의 법칙)

② 하트 1장, 스페이드 3장이 되는 것은 다음 2가지 경우이다.

• A가 스페이드 2장, B가 하트와 스페이드를 각 1장씩 뽑는다.

그 확률은 ①에 의해 $\dfrac{9}{25}$

• A가 스페이드와 하트를 각 1장씩, B가 스페이드를 2장 뽑는다.

확률은 $\dfrac{_4C_1 \times _1C_1}{_5C_2} \times \dfrac{_2C_2}{_5C_2} = \dfrac{1}{25}$

이 두 가지 경우를 아울러 $\dfrac{9}{25} + \dfrac{1}{25} = \dfrac{2}{5}$ (합의 법칙)

③ 같은 마크 4장은 스페이드뿐이고, A, B가 스페이드 2장씩을 뽑을 경우이므로

확률은 $\dfrac{_4C_2}{_5C_2} \times \dfrac{_2C_2}{_5C_2} = \dfrac{3}{50}$

④ 스페이드 3장일 확률은 ②에 의거해 $\dfrac{2}{5}$

스페이드 4장일 확률은 ③에 의거해 $\dfrac{3}{50}$

위의 두 경우를 제외한 것이 스페이드 2장 이하가 되므로 $1 - \left(\dfrac{2}{5} + \dfrac{3}{50}\right) = \dfrac{27}{50}$ (여사건)

(5) ① ⅰ) $_{12}C_3 = 220$가지

ⅱ) 3, 4, 5, 6, 7, 8, 9의 7개 중에서 3개를 뽑는 것은 $_7C_3$

확률은 $\dfrac{_7C_3}{220} = \dfrac{7}{44}$

ⅲ) 다음의 세 가지 경우를 생각할 수 있다.

1~3에서 1개, 4~8에서 1개, 9~12에서 1개 $_3C_1 \times _5C_1 \times _4C_1 = 60$가지

1~3에서 2개,   9~12에서 1개 $_3C_2 \times _4C_1 = 12$가지

1~3에서 1개,   9~12에서 2개 $_3C_1 \times _4C_2 = 18$가지

합계 90가지이므로, 확률은 $\dfrac{90}{220} = \dfrac{9}{22}$

② 3~10의 8개에서 1개를 뽑을 확률은 $\dfrac{8}{12} = \dfrac{3}{4}$

그것을 3번 반복하므로 $\left(\dfrac{3}{4}\right)^3 = \dfrac{27}{64}$

(6) ① $_{12}P_2 = 132$가지

② 뽑는 법은 $_{12}C_{11} = 66$가지

ⅰ) 하트를 2장: $_5C_2 = 10$가지

스페이드를 2장: $_4C_2 = 6$가지

클로버를 2장: $_3C_2 = 3$가지

합계 $10 + 6 + 3 = 19$가지 있으므로, 확률은 $\dfrac{19}{66}$

ⅱ) ⅰ)의 여사건이므로 확률은 $1 - \dfrac{19}{66} = \dfrac{47}{66}$

③

1장째	2장째	
하트	스페이드	$\dfrac{5}{12} \times \dfrac{4}{11}$
하트	클로버	$\dfrac{5}{12} \times \dfrac{3}{11}$
스페이드	스페이드	$\dfrac{4}{12} \times \dfrac{3}{11}$
스페이드	클로버	$\dfrac{4}{12} \times \dfrac{3}{11}$

위를 모두 합하면 $\dfrac{5 \times 4 + 5 \times 3 + 4 \times 3 + 4 \times 3}{12 \times 11} = \dfrac{59}{132}$

A⁺ 연습문제 4-9

(1) 6회 중에서 2 이하의 눈이 m회, 3 이상의 눈이 n회 나온다고 하면

$m + n = 6$ ······①

P는 2 이하의 눈일 때 $+2$, 3 이상의 눈일 때 -1만큼 이동하므로

$2m + (-1)n = 0$ ······②

①, ②에 의거해 $m = 2$, $n = 4$ ($\longrightarrow$, $\longrightarrow$, $\longleftarrow$, $\longleftarrow$, $\longleftarrow$, $\longleftarrow$)

2 이하의 눈이 나올 확률은 $\dfrac{1}{3}$, 3 이상의 눈이 나올 확률은 $\dfrac{2}{3}$이므로 구하는 확률은

$_6C_2 \left(\dfrac{1}{3}\right)^2 \left(\dfrac{2}{3}\right)^4 = \dfrac{80}{243}$

※ $_6C_2$ 대신에 $\longrightarrow$를 2개, $\longleftarrow$를 4개 배열하는 순열로 생각해 $\dfrac{6!}{2!4!}$로 구해도 좋다.

(2) ① O → A : $_3C_2 \left(\dfrac{1}{3}\right)^2 \cdot \dfrac{2}{3} = \dfrac{2}{9}$

A → B : $_2C_1 \cdot \dfrac{1}{3} \cdot \dfrac{2}{3} = \dfrac{4}{9}$

따라서 $\dfrac{2}{9} \times \dfrac{4}{9} = \dfrac{8}{81}$

② $(4, 0) \to \to \to \to$ $_4C_4 \left(\dfrac{1}{3}\right)^4 = \dfrac{1}{81}$

$(3, 1) \to \to \to \uparrow$ $_4C_3 \left(\dfrac{1}{3}\right)^3 \cdot \dfrac{2}{3} = \dfrac{8}{81}$

$(2, 2) \to \to \uparrow \uparrow$ $_4C_2 \left(\dfrac{1}{3}\right)^2 \left(\dfrac{2}{3}\right)^2 = \dfrac{24}{81} = \dfrac{8}{27}$

$(1, 3) \to \uparrow \uparrow \uparrow$ $_4C_1 \cdot \dfrac{1}{3} \left(\dfrac{2}{3}\right)^3 = \dfrac{32}{81}$

$(0, 4) \uparrow \uparrow \uparrow \uparrow$ $_4C_0 \left(\dfrac{2}{3}\right)^4 = \dfrac{16}{81}$

(1) 주사위 눈이 나오는 것은 모두 $6^3 = 216$가지

① 합이 16 $6+6+4$: 3가지 (6, 6, 4의 배열)

   $6+5+5$: 3가지

합이 17 $6+6+5$: 3가지

합이 18 $6+6+6$: 1가지

따라서 합이 16 이상이 될 확률은 $\dfrac{3+3+3+1}{216} = \dfrac{5}{108}$

② 눈의 합이 4 : $1+1+2$: 3가지

눈의 합이 3 : $1+1+1$: 1가지

합이 4 이하일 확률은 $\dfrac{4}{216} = \dfrac{2}{108}$

합이 5 이상, 15 이하가 될 확률은 $1 - \left(\dfrac{5}{108} + \dfrac{2}{108}\right) = \dfrac{101}{108}$

따라서 득점의 기댓값은 $50 \times \dfrac{5}{108} + 20 \times \dfrac{101}{108} + (-30) \times \dfrac{2}{108} = \dfrac{1105}{54}$ 점

(2) ① A : 10개 중 백 6개일 확률은 $\dfrac{6}{10}$

   B : 8개 중 적 5개일 확률은 $\dfrac{5}{8}$

   따라서 A에서 백, B에서 적일 확률은 $\dfrac{6}{10} \times \dfrac{5}{8} = \dfrac{15}{40} = \dfrac{3}{8}$

② A에서 적 : $\dfrac{4}{10}$, B에서 백 : $\dfrac{3}{8}$

   A에서 적, B에서 백일 확률은 $\dfrac{4}{10} \times \dfrac{3}{8} = \dfrac{6}{40}$

   색이 다를 확률은 ①의 결과와 합쳐 $\dfrac{3}{8} + \dfrac{6}{40} = \dfrac{21}{40}$

③ 색이 같을 확률은 $1 - \dfrac{21}{40} = \dfrac{19}{40}$

   득점의 기댓값은 $5 \times \dfrac{21}{40} + (-3) \times \dfrac{19}{40} = \dfrac{48}{40} = \dfrac{6}{5}$ 점

(3) 공을 뽑는 방식은 $_{10}C_2 = 45$가지

① $A \leqq 6$ $1+2, 1+3, 1+4, 1+5, 2+3, 2+4$의 6가지

   확률은 $\dfrac{6}{45} = \dfrac{2}{15}$ ($A \geqq 7$의 확률은 $\dfrac{39}{45} = \dfrac{13}{15}$)

②

		득점
$A=3$	1가지	7
$A=4$	1가지	6
$A=5$	2가지	5
$A=6$	2가지	4

기댓값은 $7 \times \dfrac{1}{45} + 6 \times \dfrac{1}{45} + 5 \times \dfrac{2}{45} + 4 \times \dfrac{2}{45} + 3 \times \dfrac{39}{45} = \dfrac{148}{45}$ 점

도전!! 기출문제 4-2

뽑을 수 있는 가짓수는 모두 $_{10}C_2 = 45$가지

(1) 적색 2개를 뽑기는 $_5C_2$
   청색 2개를 뽑기는 $_4C_2$ $\Big\}$ $\dfrac{_5C_2 + _4C_2}{45} = \dfrac{16}{45}$

(2) 백색과 적색$_2$, 적색$_4$, 청색$_6$, 청색$_8$ 중 1개 : 4가지

   적색$_2$, 적색$_4$에서 1개, 청색$_6$, 청색$_8$에서 1개 : $2 \times 2 = 4$가지 $\dfrac{4+4}{45} = \dfrac{8}{45}$

(3) 청색 1개 : 청색$_6$ ~ 청색$_9$ 중 1개 : 4가지
   백색 · 적색 중 1개: 6가지 $\Big\}$ ⇨ 24가지

   청색 2개: 청색 4개에서 2개: $_4C_2 = 6$가지

   따라서 기댓값은 $1 \times \dfrac{24}{45} + 2 \times \dfrac{6}{45} = \dfrac{36}{45} = \dfrac{4}{5}$

JKLM	NOP	QR
1645	845	45

k의 최솟값은 2회 연속해서 같은 색을 뽑을 때로, $k=2$

최댓값은 3회째까지 모두 다른 색을 뽑으면, 4회째는 그 중 하나와 같은 색이 되어 작업은

끝난다. $k=4$

이하, 적색 : R, 청색 : B, 황색 : Y로 나타낸다.

(1) $k=2$ R－R이 될 확률은 $\dfrac{2}{6} \times \dfrac{1}{5} = \dfrac{1}{15}$

B－B나 Y－Y도 마찬가지이므로 $k=2$가 될 확률은 $\dfrac{1}{15} \times 3 = \dfrac{1}{5}$

(2) $k=3$이 되는 것은 1회째가 R인 경우

1회째가 R이고, 3회에서 끝날 확률은 $\dfrac{1}{30} \times 4$

1회째가 B나 Y인 경우도 마찬가지이므로

$k=3$이 될 확률은 $\dfrac{1}{30} \times 4 \times 3 = \dfrac{2}{5}$

(3) (1), (2)에 의거해 $k=4$가 될 확률은 $1 - \left(\dfrac{1}{5} + \dfrac{2}{5} \right) = \dfrac{2}{5}$

따라서 k의 기댓값은 $2 \times \dfrac{1}{5} + 3 \times \dfrac{2}{5} + 4 \times \dfrac{2}{5} = \dfrac{16}{5}$

A	B	CD	EF	GHI
2	4	15	25	165

공은 모두 20개가 들어 있으므로

(1) $x=\dfrac{n}{20}$

(2) 백색이 1회도 안 나올 확률은 1에서 (1)이 두 번 연이어 나올 확률(x^2)을 빼면

$P=1-x^2$ (여사건)

(3) 적어도 2회는 백색이 나온다.

$_4C_1x^3(1-x)$
x^4 $\bigg\}$ $4x^3(1-x)+x^4=4x^3-3x^4$

q는 1에서 이것을 빼면 된다.

$q=1-(4x^3-3x^4)=1-4x^3+3x^4$

(4) $p<q$에 대입하면 $1-x^2<1-4x^3+3x^4$

$3x^4-4x^3+x^2=x^2(3x^2-4x+1)>0$

$x^2>0$이므로 $3x^2-4x+1>0$

(x는 적색이 나올 확률)

$(3x-1)(x-1)>0$, $x<1$ 따라서 $x<\dfrac{1}{3}$

$n=20x<\dfrac{20}{3}(=6.6\cdots)$ 따라서 $n=6$가지

AB	CD	EFGHI	JK	L	M
20	12	14334	34	3	6

(1) A, B는 a, $b(a<b)$를 공약수를 갖지 않는(互いに素な)자연수로서 $A=Ga$, $B=Gb$으로 나타낼 수 있다.

$A+B=Ga+Gb=132$에 의거해 $G=\dfrac{132}{a+b}$

최소공배수 $Gab=336$에 의거해 $G=\dfrac{336}{ab}$

$\dfrac{132}{a+b}=\dfrac{336}{ab}$에 의거해 $11ab=28(a+b)$

11과 28은 공약수를 갖지 않으므로, ab는 28의 배수, $a+b$는 11의 배수이다.

그 중에서 $a<b$을 만족시키는 것은 $a=4$, $b=7$

$G=\dfrac{132}{4+7}=12$, $A=12\times4=48$, $B=12\times7=84$

> **다른 풀이**
>
> 'a, b가 공약수를 갖지 않을 때, $a+b$와 ab도 공약수를 갖지 않는다'를 이용하면
>
> $G(a+b)=132=12\times11$
>
> $Gab=336=12\times28$
>
> $a+b$와 ab는 공약수를 갖지 않으므로 $G=12$
>
> $a+b=11$, $ab=28$을 만족시키는 a, b는 $t^2-11t+28=0$의 해(解)
>
> $(t-4)(t-7)=0$에 의거해 $t=4$, 7
>
> $a<b$이므로, $a=4$, $b=7$

(2) $4n+3=a$라고 하면

$n=\dfrac{a-3}{4}$, $2n^2+6=2\left(\dfrac{a-3}{4}\right)^2+6=\dfrac{a^2-6a+57}{8}$ ······①

a는 $2n^2+6$의 약수이므로, $2n^2+6$은 자연수 k를 이용하여 $2n^2+6=ak$ ······②로 나타낼 수 있다.

①, ②에 의거해 $8ak=a^2-6a+57$

$$8ak-a^2+6a=57$$

$$a(8k-a+6)=57$$

따라서 a는 57의 약수 1, 3, 19, 57. 이 중에서 $n=\dfrac{a-3}{4}$에 대입해서 n이 자연수가 되는 것은 $a=19$일 때(뿐)이다.

$a=19 \rightarrow n=\dfrac{19-3}{4}$ ($4\cdot4+3=19$는 $2\cdot4^2+6=38$의 약수)

A⁺ 연습문제 5-2

$$
\begin{array}{cccccccc}
 & 4 & & 1 & & 2 & & 1 & & 2 \\
17\overline{)68} & &)85 & &)238 & &)323 & &)884 \\
 & 68 & & 68 & & 170 & & 238 & & 646 \\
\hline
 & 0 & & 17 & & 68 & & 85 & & 238 \\
\end{array}
$$

최대공약수는 17

$(884, 323)=(323, 238)=(238, 85)=(85, 68)=(68, 17)=17$

A⁺ 연습문제 5-3

$24 \div 19=1$, 나머지 5 $\quad 24=19\times1+5 \quad 5=24-19\times1 \cdots\cdots$①

$19 \div 5=3$, 나머지 4 $\quad 19=5\times3+4 \quad 4=19-5\times3 \cdots\cdots$②

$5 \div 4=1$, 나머지 1 $\quad\ 5=4\times1+1 \quad\ 1=5-4\times1 \cdots\cdots$③

② → ③ $\quad 1=5-(19-5\times3)\times1$

$$=5-19+5\times3$$

$$=19\times(-1)+5\times4$$

①을 대입 $\quad =19\times(-1)+(24\times4-19\times1)\times4$

$$=19\times(-1)+24\times4-19\times4$$

$$=19\times(-5)-24\times(-4)$$

따라서 정수해의 한 조는 $(x, y)=(-5, -4)$

(1) 구할 자연수를 N이라고 하면

$N=7x+2=11y+3$ (x, y는 정수)로 나타낼 수 있다.

$$\begin{array}{r} 7x-11y=1^* \\ -)\ 7\cdot 8-11\cdot 5=1 \\ \hline 7(x-8)-11(y-5)=0 \end{array}$$

$7(x-8)=11(y-5)$

7과 11은 공약수를 갖지 않으므로 k를 정수로 하여

$x-8=11k,\ y-5=7k$로 나타낼 수 있다.

따라서 $x=11k+8,\ y=7k+5$

$N=7x+2=7(11k+8)+2$이므로

$k=0$	$N=58$
$k=1$	$N=135$
$k=2$	$N=212$
$k=3$	$N=289$
$k=4$	$N=366\ (\times)$

따라서 구할 자연수는 58, 135, 212, 289

> *이 방정식의 정수해 중 하나는 $x=8,\ y=5$이다. 이것이 생각나지 않는다면, 〈연습5-3〉의 뒤에 언급한 것처럼
> $7x=11y+1=7y+4y+1$
> $4y+1$은 7의 배수……라고 하면
> $x=11c-3,\ y=7c-2$ (c는 정수)처럼 이 방정식의 일반해가 구해져, $c=1$일 때 $x=8,\ y=5$이다.

> $N=11y+3=11(7k+5)+3$
> 이라고 해도 결과는 같다.

(2) $a+11=5m,\ a+10=3n$ (m, n은 자연수)로 둘 수 있다.

a를 소거하여

$$\begin{array}{r} 5m-3n=1^* \\ -)\ 5\cdot 2-3\cdot 3=1 \\ \hline 5(m-2)-3(n-3)=0 \end{array}$$ 에 의하여

$5(m-2)=3(n-3)$ 5와 3은 공약수를 갖지 않으므로 $m-2$는 3의 배수.

$n-3$은 5의 배수이고, k를 정수로 하여 $m-2=3k,\ n-3=5k$로 나타낼 수 있다.

$m=3k+2,\ n=5k+3$

$k=0 \rightarrow m=2$ $a+11=10$에 의해 $a=-1(\times)$ a는 자연수

$k=1 \rightarrow m=5$ $a+11=25$에 의해 $a=14\ (\bigcirc)$

> *정수해 중 하나는
> $m=2,\ n=3$

$k=2 \rightarrow m=8$ $a+11=40$에 의해 $a=29$ (○)

$k=3 \rightarrow m=11$ $a+11=55$에 의해 $a=44$ (×) a는 30 이하

따라서 구할 a는 $a=14,\ 29$

$$\begin{pmatrix} a=14 일 \ 때 \ a+11=25 는 \ 5의 \ 배수. \ a+10=24 는 \ 3의 \ 배수 \\ a=29 일 \ 때 \ a+11=40 은 \ 5의 \ 배수. \ a+10=39 는 \ 3의 \ 배수 \end{pmatrix}$$

A⁺ 연습문제 5-5

(1) 양변×3 $9xy-6x-3y=6$

$9xy-6x-3y+2=8$

$(3x-1)(3y-2)=8$

$x,\ y$는 정수이므로

$3x-1$	1	2	4	8	-1	-2	-4	-8
$3y-2$	8	4	2	1	-8	-4	-2	-1
		○			○	○		○

이 중에서 $x,\ y$가 정수가 되는 것은 ○표를 한 4개 조이다.

따라서 $(x,\ y)=(1,\ 2),\ (3,\ 1),\ (0,\ -2),\ (-1,\ 0)$

(2) 양변×xy $y-x+3=xy$

$xy+x-y\quad =3$

$xy+x-y-1=3-1$

$(x-1)(y+1)=2$

xy는 정수이므로

$x-1$	1	2	-1	-2
$y+1$	2	1	-2	-1
	○			○

이것을 만족시키고 또한 $x \neq 0$ $y \neq 0$인 것은 ○표를 한 두 개 조이므로

$(x,\ y)=(2,\ 1),\ (-1,\ -2)$

(3) m, n은 a, b를 공약수를 갖지 않는 자연수로서

$m=6a$, $n=6b$로 나타낼 수 있다.

이 때, $L=6ab$이므로

①은 $5 \cdot 6a - 3 \cdot 6b = 6ab - 6$이 되고

$$ab - 5a + 3b = 1$$

$$ab - 5a + 3b - 15 = 1 - 15$$

$$(a+3)(b-5) = -14 \quad \cdots\cdots ②$$

$a \geq 1$에 의해 $a+3 \geq 4$이므로 ②를 만족시키는 $a+3$은 7과 14.

$a+3=7$ 이 때 $b-5=-2$

$a=4$, $b=3$ → $m=24$, $n=18$

24와 18의 최소공배수는 72

$5m - 3n = 66 = 72 - 6$

$a+3=14$ 이 때 $b-5=-1$

$a=11$, $b=4$ → $m=66$, $n=24$

66과 24의 최소공배수는 264

$5m - 3n = 258 = 264 - 6$

이상을 정리하면 $(m, n) = (24, 18), (66, 24)$

A⁺ 연습문제 5-6

$n^2 - 20n + 91 = (n-7)(n-13)$

이것이 소수가 되기 위해서는 $n-7=\pm 1$ 또는 $n-13=\pm 1$

$n-7=1$, $n=8$ 일 때, $n-13=-5$ → $(n-7)(n-13)=-5$ (×)

$n-7=-1$, $n=6$일 때, $n-13=-7$ → $(n-7)(n-13)=7$ (○)

$n-13=1$, $n=14$일 때, $n-7=7$ → $(n-7)(n-13)=7$ (○)

$n-13=-1$, $n=12$일 때, $n-7=5$ → $(n-7)(n-13)=-5$ (×)

따라서 $n=6$, 14 (이 때, 어느 경우도 $n^2 - 20n + 91 = 7$: 소수)

N은 a, b를 정수로 하여 $(1 \leq a \leq 2,\ 1 \leq b \leq 4,\ a \neq 0,\ b \neq 0)$

$N = 3 \times a + b$

$N = 5 \times b + a$로 나타낼 수 있다.

$3a + b = 5b + a$에 의해 $a = 2b$

위 a, b의 범위에서 이 등식을 만족시키는 a, b는 $a = 2$, $b = 1$

따라서 $N = 3 \times 2 + 1 = 7$ $(= 21_{(3)} = 12_{(5)})$

도전!! 기출문제 5-1

(1) (ⅰ) 5로 나누어 4가 남는 정수 a는 $a = 5k + 4$로 나타낼 수 있다. 이 때

$\qquad a^2 = (5k + 4)^2$

$\qquad\quad = 25k^2 + 40k + 16$

$\qquad\quad = 5(5k^2 + 8k + 3) + 1$이므로

$\qquad a^2$을 5로 나누면 나머지는 1.

　(ⅱ) $120_{(3)} = 3^2 \times 1 + 3 \times 2 = 15$

$\qquad$ 3진법으로 나타나는 최대의 자연수는

$\qquad 222_{(3)} = 3^2 \times 2 + 3 \times 2 + 2 = 26$

$\qquad$ 최소의 자연수는 $100_{(3)} = 3^2 \times 1 = 9$

(2) (ⅰ) 'a를 5로 나누면 나머지가 4이다'를 p

$\qquad$ 'a^2을 5로 나누면 나머지가 1이다'를 q라고 하면

$\qquad p \rightarrow q$는 (1) (ⅰ)에 의해 옳은데

$\qquad q \rightarrow p$는 예를 들어 $a = 6$라고 하면

$\qquad a^2 = 36$을 5로 나누면 나머지가 1이지만, $a = 6$을 5로 나누면 나머지가 1이 되어, 옳

$\qquad$ 지 않다.

$\qquad p \not\longleftrightarrow q$이므로 p는 q이기 위한 '충분조건이지만 필요조건은 아니다.'①

(ⅱ) 'b는 $0 \leq b \leq 30$를 만족시킨다.'를 r

'b를 3진법으로 나타내면 세 자리이다.'를 s라고 하면

s는 (1) (ⅱ)에 의해 $9 \leq b \leq 26$로가 된다.

따라서 $r \mathrel{\rlap{\Longleftarrow}{}} s$이고, r은 s이기 위한 '필요조건이지만, 충분조건은 아니다.' ⓪

AB	C	DE	FG	H	I	J
54	1	15	26	9	1	0

기출문제 5-2

(1) x, y는 음수가 아니므로, $x+y \geq x-y$

$n=8$일 때, $\left.\begin{array}{l} x+y=4 \\ x-y=2 \end{array}\right)$ 에 의해 $(x, y)=(3, 1)$ ([A], [B])

$n=9$일 때, $\left.\begin{array}{l} x+y=3 \\ x-y=3 \end{array}\right)$ 에 의해 $(x, y)=(3, 0)$ ([C], [D])

또는 $\left.\begin{array}{l} x+y=9 \\ x-y=1 \end{array}\right)$ 에 의해 $(x, y)=(5, 4)$ ([E], [F])

(2) • ① → ③

x, y가 둘 다 짝수이든지, 둘 다 홀수라면 $x+y$ 및 $x-y$는 짝수이고([G] : ⑦),

이들의 곱(②)은 $2^2=4$의 배수이다([H] : ④).

x, y 중 어느 하나가 짝수이고, 다른 하나가 홀수라면 $x+y$, $x-y$는 둘 다 홀수이고([I]

: ⑧), 이들의 곱은 홀수이다([J] : ⑧).

따라서 ①이 해를 가지면 'n은 4의 배수이거나 홀수이다.'(필요조건)

• ③ → ①

n이 4의 배수라면, $n=4k$(k는 자연수)로 나타난다.

예를 들어 $x+y=2k$, $x-y=2$라고 하면 $(x,\,y)=(k+1,\,k-1)$이 되어 ①은 해를 갖는
다.

또, n이 홀수라면 $n=2l+1$로 나타난다.(l은 자연수)

예를 들어 $x+y=2l+1$, $x-y=1$이라고 하면 $(x,\,y)=(l+1,\,l)$이 되므로 ①은 해를 갖
는다.

따라서 'n이 4의 배수이거나 홀수'라면 ①은 해를 갖는다(충분조건).

AB	CD	EF	GH	IJ	KNM	NO	PQR
31	30	54	74	88	211	21	211

제6장 도형의 성질(図形の性質)

(1) $BC^2 = 7^2 + 8^2 - 2 \cdot 7 \cdot 8 \cdot \dfrac{2}{7} = 81$

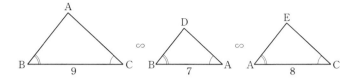

따라서 $BC = 9$

$\triangle ABC \backsim \triangle DBA \backsim \triangle EAC$로

닮음비가 $BC : BA : AC = 9 : 7 : 8$이므로

면적비는 $81 : 49 : 64$

(2)

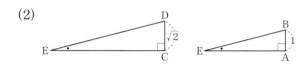

사각형이 원에 내접하여 $\angle EAB = \angle C$이므로 $\triangle DCE \backsim \triangle BAE$

닮음비는 $\sqrt{2} : 1$, $EB = x$라고 하면 $ED = \sqrt{2}x$

BD가 지름이므로 $\angle C = 90°$, $\triangle DCE$로

피타고라스의 정리를 이용하면

$(\sqrt{2}x)^2 = (x + \sqrt{2})^2 + (\sqrt{2})^2$

따라서 $x = \sqrt{2} \pm \sqrt{6}$

$x > 0$이므로 $EB = \sqrt{2} + \sqrt{6}$

(3) $BC^2 = 4^2 + 3^2 - 2 \cdot 4 \cdot 3 \cdot \dfrac{3}{8} = 16$

따라서 $BC = 4$

$\sin A = \sqrt{1 - \left(\dfrac{3}{8}\right)^2} = \dfrac{\sqrt{55}}{8}$

$2R = \dfrac{4}{\dfrac{\sqrt{55}}{8}}$ 따라서 외접원의 반지름(OB)은 $\dfrac{16\sqrt{55}}{55}$

BC와 OP의 교점을 H라고 하면 $BH = \dfrac{1}{2}BC = 2$, $BC \perp OH$로 $\triangle OHB \backsim \triangle OBP$가 된다.

$$OH = \sqrt{\left(\frac{16\sqrt{55}}{55}\right)^2 - 2^2} = \frac{6\sqrt{55}}{55}$$

닮음비 $OH : OB = \frac{6\sqrt{55}}{55} : \frac{16\sqrt{55}}{55} = 3 : 8$

$$PO = OB \times \frac{8}{3} = \frac{16\sqrt{55}}{55} \times \frac{8}{3} = \frac{128\sqrt{55}}{165}$$

$$PB = BH \times \frac{8}{3} = 2 \times \frac{8}{3} = \frac{16}{3}$$

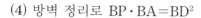

(4) 방벽 정리로 $BP \cdot BA = BD^2$

$2(2 + AP) = 4^2$ 따라서 $AP = 6$

$\angle PAD = \angle QAD$ 이므로 $\overset{\frown}{PD} = \overset{\frown}{QD} \rightarrow PD = QD \rightarrow \angle PQD = \angle QPD$

접현 정리에 의해 $\angle PDB = \angle PQD$

따라서 $\angle PDB = \angle QPD$가 되어 $PQ /\!/ BC$

$\triangle APQ \backsim \triangle ABC$로 닮음비는 $AP : AB = 6 : 8 = 3 : 4$, 면적비는 $9 : 16$

AD와 PQ의 교점을 R이라고 하면

$\triangle DPQ : \triangle APQ = DR : AR = BP : AP = 1 : 3$

$\triangle DPQ : \triangle APQ = 1 : 3$

$\triangle APQ : \triangle ABC = 9 : 16$

따라서 구할 면적비는 $3 : 9 : 16$

A⁺ 연습문제 6-2

(1) $BP : CP = 2 : 3$, $BP = \frac{2}{5}BC = \frac{8}{5}$

$\triangle ABC$로 $\cos B = \frac{2^2 + 3^2 - 4^2}{2 \cdot 2 \cdot 3} = \frac{11}{16}$

$\triangle ABP$로 $AP^2 = 2^2 + \left(\frac{8}{5}\right)^2 - 2 \cdot 2 \cdot \frac{8}{5} \cdot \frac{11}{16} = \frac{54}{25}$, $AP = \frac{3\sqrt{6}}{5}$

(2) $BP : CP = 5 : 3$, $CP = \frac{3}{8} \times 4 = \frac{3}{2}$

$BQ : CQ = 5 : 3$이므로 $BC : CQ = 2 : 3$, $CQ = \frac{3}{2}BC = 6$

$PQ = CP + CQ = \frac{3}{2} + 6 = \frac{15}{2}$

(1) $x+1+3>2x-1 \rightarrow x<5$

$3+2x-1>x+1 \rightarrow -1<x$

$2x-1+x+1>3 \rightarrow 1<x$

따라서 $1<x<5$

(2) $x+1=3=2x-1$ 따라서 $x=2$

(3) C가 가장 긴 변이면 된다.

$2x-1>x+1$ 또는 $2x-1>3$

따라서 $2<x$

(1)의 결과를 아우르면 $2<x<5$

(4) $(2x-1)^2>3^2+(x+1)^2$

$x^2-2x-3>0$

따라서 $x<-1, 3<x$

(1)의 결과와 아우르면 $3<x<5$

(5) $\cos 120° = \dfrac{(x+1)^2+3^2-(2x-1)^2}{2 \cdot 3(x+1)} = -\dfrac{1}{2}$

$(x+1)(x-4)=0$

따라서 $x=4$

$a=x+1=5, c=2x-1=7$

연습문제 6-4

$$BC^2 = 6^2 + 4^2 - 2 \cdot 6 \cdot 4 \cdot \frac{1}{2} = 28$$

따라서 $BC = 2\sqrt{7}$, $BM = \sqrt{7}$

$\triangle ABC$로 $\cos B = \dfrac{6^2 + (2\sqrt{7})^2 - 4^2}{2 \cdot 6 \cdot 2\sqrt{7}} = \dfrac{2}{\sqrt{7}}$

$\triangle ABM$로 $AM^2 = 6^2 + (\sqrt{7})^2 - 2 \cdot 6\sqrt{7} \cdot \dfrac{2}{\sqrt{7}} = 19$

따라서 $AM = \sqrt{19}$

중선 정리를 이용하면 $6^2 + 4^2 = 2\{AM^2 + (\sqrt{7})^2\}$으로부터 구할 수 있다.

연습문제 6-5

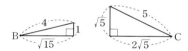

왼쪽 삼각형을 2배, 오른쪽 삼각형을 $\dfrac{2}{\sqrt{5}}$배로 해서, 2가 되는 변을 맞대면 하나의 삼각형이 생긴다.

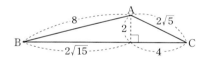

$AB = 8$, $BC = 2\sqrt{15} + 4$

연습문제 6-6

(1) ① $\angle x = \dfrac{1}{2} \times 140 = 70°$ (원주각 $= \dfrac{1}{2} \times$ 중심각)

$\quad$ $y + 20 = x$이므로 $\angle y = 50°$

$\quad$ ② $\angle ABC = \angle ADC = 20°$

$\quad\quad$ $x + 20 = 70 \rightarrow \angle x = 50°$

$\quad\quad$ $\angle ACB = 90°$ (AB : 지름)

$\quad\quad$ $y = 180 - (90 + 20)$, $\angle y = 70°$

(2)

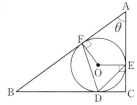

① △ABC의 면적은 $\frac{1}{2} \cdot 4 \cdot 3 = 6$ (∠C=90°)

내접원의 반지름을 r로 하여 면적을 표현하면

$\frac{1}{2}r(5+4+3)=6r$

$6r=6$이므로 $r=1$

② 원의 중심을 O라고 하면

$\angle FDE = \frac{1}{2} \angle FOE$

$\angle FOE = 360 - (\theta + 90 \times 2) = 180 - \theta$

따라서 $\angle FDE = \frac{180 - \theta}{2}$

A⁺ 연습문제 6-7

(1) △ABD에서 $BD^2 = 5^2 + 3^2 - 2 \cdot 5 \cdot 3 \cos A = 34 - 30 \cos A$

△BCD에서 $BD^2 = 13^2 + 15^2 - 2 \cdot 13 \cdot 15 \cos C$

$\qquad\qquad = 394 + 390 \cos A \ (\cos C = -\cos A)$

$34 - 30 \cos A = 394 + 390 \cos A$이므로

$\cos A = -\frac{6}{7}$

(2) $\sin A = \sqrt{1 - \left(-\frac{6}{7}\right)^2} = \frac{\sqrt{13}}{7} = \sin C$

$S = \triangle ABD + \triangle BCD$

$\quad = \frac{1}{2} \cdot 5 \cdot 3 \cdot \frac{\sqrt{13}}{7} + \frac{1}{2} \cdot 13 \cdot 15 \cdot \frac{\sqrt{13}}{7}$

$\quad = 15\sqrt{3}$

A⁺ 연습문제 6-8

$BC^2=7^2+8^2-2\cdot7\cdot8\cdot\dfrac{1}{2}=52,\ BC=2\sqrt{13}$

CA, AB와의 접점을 E, F. AF(=AE)=a, BD(=BF)=b, CE(=CD)=c라고 하면

$a+b\quad\ =6$

$a\quad\ +c=8$

$\qquad b+c=2\sqrt{13}$ 이므로

$a+b+c=7+\sqrt{13}$

$a\quad\ +c=8$ 따라서 $b=\sqrt{13}-1=$ BD

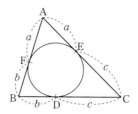

A⁺ 연습문제 6-9

$\dfrac{8}{\sin B}=2\cdot6$ 이므로 $\sin B=\dfrac{2}{3}$

$\cos B=\sqrt{1-\left(\dfrac{2}{3}\right)^2}=\dfrac{\sqrt{5}}{3}$

AB=x 라고 하면

$AC^2=8^2=8^2+x^2-2\cdot8x\cdot\dfrac{\sqrt{5}}{3}$ 이므로

$x=\dfrac{16\sqrt{5}}{3}$

접현 정리에 의해 $\angle DAC=\angle CBA$

또한 DA=DC이므로 △DAC와 △CAB는 닮은

이등변삼각형이고 닮음비는 $8:\dfrac{16\sqrt{5}}{3}=1:\dfrac{2\sqrt{5}}{3}$ 이다.

따라서 $AD=AC\div\dfrac{2\sqrt{5}}{3}=\dfrac{12\sqrt{5}}{5}$

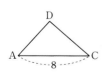
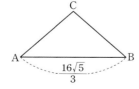

(1) $PC=x$라고 하면 $PA \cdot PB = PC \cdot PD$

$$4 \cdot 8 = x(x+2) \text{이므로 } x = -1 \pm \sqrt{33}$$

$$x > 0 \text{이므로 } PC = -1 + \sqrt{33}$$

(2) 내접원의 반지름은 2 (〈연습6-6(2)〉 참조)

사각형 DBEO는 정사각형이 된다.

그 한 변이 내접원의 반지름과 같으므로 $BD = 2$

$AD = 3$, $AP \cdot AQ = AD^2 = 9$

도전! 기출문제 6-1

(1)

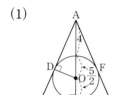

$AE = 9$. 지름 5이므로

$$AO = (9-5) + \frac{5}{2} = \frac{13}{2}$$

$\triangle ABE \infty \triangle AOD$이므로

$$AD = \sqrt{\left(\frac{13}{2}\right)^2 - \left(\frac{5}{2}\right)^2} = 6$$

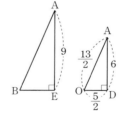

닮음비 $3:2$

$$AB = AO \times \frac{3}{2} = \frac{39}{4}$$

$$BE = \frac{5}{2} \times \frac{3}{2} = \frac{15}{4} \text{이므로 } BC = 2BE = \frac{15}{2}$$

(2)

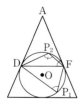

$$\angle AFD = \frac{180 - 40}{2} = 70°$$

접현 정리에 따라

$$\angle DP_1 F = \angle AFD = 70°$$

$P_2 DP_1 F$는 원에 내접하는 사각형이므로

$$DP_2 F = 180 - 70 = 110°$$

K	LMN	OPQ	RS	TUV
6	394	152	70	110

AB, BC, CA와 내접원의 접점을 E, F, G라고 하면

$\triangle AEI \equiv \triangle AGI$, $\triangle CFI \equiv \triangle CGI$

또 사각형 BEFI는 정사각형이 된다.

(1) $\angle AIC = (360° - 90°) \times \frac{1}{2} = \boxed{\text{KLM}}\ 135°$

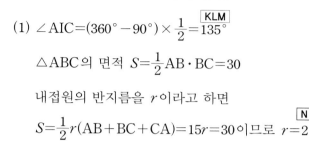
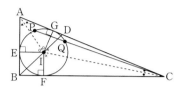

$\triangle ABC$의 면적 $S = \frac{1}{2}AB \cdot BC = 30$

내접원의 반지름을 r이라고 하면

$S = \frac{1}{2}r(AB+BC+CA) = 15r = 30$이므로 $r = \boxed{\text{N}}\ 2$

(2) BD는 $\angle ABC$의 이등분선이므로 $AD:DC = AB:BC = \boxed{\text{O}}\boxed{\text{PQ}}\ 5:12$이고,

이 때 $AD = AC \times \frac{5}{5+12} = \frac{65}{17}$

AI는 $\angle BAD$의 이등분선이므로 $BI:ID = AB:AD = 5:\frac{65}{17} = \boxed{\text{RS}}\boxed{\text{TU}}\ 17:13$

(3) $BE = r = 2$이므로 $AE = 3 = AG$ 따라서 $CG = 10$

방벽의 정리에 따라 $CP \cdot CQ = CG^2 = \boxed{\text{VWX}}\ 100$

KLM	N	OPQ	RSTU	VWX
135	2	512	1713	100

실전 모의시험 I -問1

$x^2+y^2=(x+y)^2-2xy=16-2t$ $x+y=4$이고, $xy=t$로 둔다.*

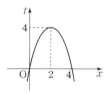

*$y=4-x$를 P에 대입하면 4차 함수가 되고 만다. x, y의 대칭식이라는 점에 주의하자.

$P=(xy)^2+(x^2+y^2)+xy$

$\quad =t^2+16-2t+t$

$\quad =t^2-t+16$

$\quad \left(t-\dfrac{1}{2}\right)^2+\dfrac{63}{4}$

한편, $y=4-x\geqq 0$에 의해 $4\geqq x$이므로 $0\leqq x\leqq 4$ ……②

또 $t=x(4-x)$

$\quad =-(x-2)^2+4$

②의 범위에서 t값의 범위는 $0\leqq t\leqq 4$ ……③

③의 범위에서 P값의 범위를 생각하면

P의 최댓값은 $t=4$일 때, 28

최솟값은 $t=\dfrac{1}{2}$일 때, $\dfrac{63}{4}$

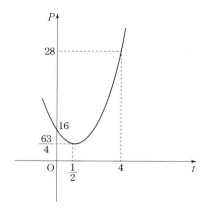

꺼낼 방법은 모두 $_{16}C_4 = 10 \cdot 14 \cdot 13$가지

(1) 적색 6개에서 4개를 꺼낼 방법은 $_6C_4 = 3 \cdot 5$가지이므로 구할 확률은 $\dfrac{3 \cdot 5}{10 \cdot 14 \cdot 13} = \dfrac{3}{364}$

(2) 적색 이외의 공 10개에서 4개를 꺼낼 경우, 꺼낼 방법은 $_{10}C_4 = 10 \cdot 3 \cdot 7$가지

　구할 확률은 $\dfrac{10 \cdot 3 \cdot 7}{10 \cdot 14 \cdot 13} = \dfrac{3}{26}$

(3) 다음의 3가지 경우를 생각할 수 있다.

　적색2, 청색1, 백색1 → 꺼낼 방법은 $_6C_2 \times 7 \times 3 = 3 \cdot 5 \cdot 7 \cdot 3$가지

　적색1, 청색2, 백색1 → 꺼낼 방법은 $6 \times _7C_2 \times 3 = 6 \cdot 7 \cdot 3 \cdot 3$가지

　적색1, 청색1, 백색2 → 꺼낼 방법은 $6 \times 7 \times _3C_2 = 6 \cdot 7 \cdot 3$가지

　따라서 구할 확률은 $\dfrac{3 \cdot 5 \cdot 7 \cdot 3 + 6 \cdot 7 \cdot 3 \cdot 3 + 6 \cdot 7 \cdot 3}{10 \cdot 14 \cdot 13} = \dfrac{9}{20}$

　(주) '적, 청, 백에서 각 1개($6 \times 7 \times 3$), 나머지 1개는 13개 중에서 아무거나 괜찮으니까

　　$_{13}C_1$. 따라서 $6 \times 7 \times 3 \times _{13}C_1$'이라고 생각하면 안 된다.

　　이와 같은 방식은 잘못된 것이다.

　　ex) 적1+청1+백1+적2 이것과

　　　적2+청1+백1+적1은 꺼낼 방법이 같은 것으로

　　　이와 같은 꺼낼 방법은 2조씩 있으므로

　　　$\dfrac{6 \cdot 7 \cdot 3 \times _{13}C_1}{10 \cdot 14 \cdot 13} \times \dfrac{1}{2}$이라고 하면 $\dfrac{9}{20}$를 얻을 수 있다.

(4)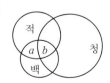

　그림의 a와 b를 더하면 되지만, b는 (3)에 의해 $\dfrac{9}{20}$

　a는 적, 백 합계 9개에서 4개를 꺼낼 방법($_9C_4$)에서

　적색 6개에서 4개를 꺼낼 방법((1): $_6C_4$)을

　빼서 구할 수 있으므로(흰공 4개는 없다) $9 \cdot 7 \cdot 2 - 3 \cdot 5$가지.

　따라서 구할 확률은 $\dfrac{9}{20} + \dfrac{9 \cdot 7 \cdot 2 - 3 \cdot 5}{10 \cdot 14 \cdot 13} = \dfrac{93}{182}$

(주) 그런데 '적색, 백색에서 각 1개, 나머지는 아무거나 괜찮다'고 생각해버리면

   ex) 적1백1+청1백2와

   적1백2+청1백1처럼 똑같은 꺼낼 방법을 다른 방법인 것으로 착각하여 셀 수 있으

   므로 주의하자.

실전 모의시험Ⅱ-問1

- $1 \leqq x$일 때, $|x-1-2|=3$ $x-3=\pm 3$

  $x<1$일 때, $|-x+1-2|=3$ $x+1=\pm 3$으로 하여 구해도 되지만,

  $|x-1|-2=\pm 3$이므로 $|x-1|=5$ ($|x-1|=-1$은 없다)

  $x-1=\pm 5$이므로 $x=6, -4$

- (1) $-(2a+3)\leqq x-a\leqq 2a+3$이므로

  $-a-3\leqq x\leqq 3a+3$ 이를 만족시키는 x가 존재하기 위한 조건은

  $-a-3\leqq 3a+3$ ……③에 의해

  $a\geqq -\dfrac{3}{2}$

(2) ②는 $4a-4<0$ 즉 $a<1$일 때 모든 실수 x에 대해 성립하므로 ①, ②를 동시에 만족시키는 x가 존재한다.

   $a\geqq 1$일 때 ②는

   $x-2a<-(4a-4)$ 또는 $4a-4<x-2a$이므로

   $x<-2a+4$ 또는 $6a-4<x$ ……④

   ③과 ④를 동시에 만족시키는 실수 x가 존재하기 위한 조건은

   $-a-3<-2a+4$ 또는 $6a-4<3a+3$

   즉 $a<7$ 또는 $a<\dfrac{7}{3}$

   이것을 $a\geqq 1$과 합치면 $1\leqq a<7$

   (1)의 결과와 합치면 $-\dfrac{3}{2}\leqq a<7$

(1) $x \geq y \geq z$에 의해 $\dfrac{1}{x} \leq \dfrac{1}{z}$, $\dfrac{1}{y} \leq \dfrac{1}{z}$이므로

$$2 = \frac{1}{x} + \frac{2}{y} + \frac{3}{z} \leq \frac{1}{z} + \frac{2}{z} + \frac{3}{z} = \frac{6}{z}$$

$2 \leq \dfrac{6}{z}$이므로 $z \leq 3$

또 ⓐ와 $\dfrac{1}{x} + \dfrac{2}{y} > 0$에 의해 $\dfrac{3}{z} < 2 \rightarrow z > \dfrac{3}{2}$

또 z는 자연수이므로 $z \geq 2$.

따라서 $2 \leq z \leq 3$

(2) $z = 3$일 때*,

$\dfrac{1}{x} + \dfrac{2}{y} + \dfrac{3}{3} = 2$에 따라 $\dfrac{1}{x} + \dfrac{2}{y} = 1$

양변에 xy를 곱하면 $xy = y + 2x$

$$xy - 2x - y + 2 = 2$$

$$(x-1)(y-2) = 2$$

$x \geq y$이므로 $x - 1 > y - 2$

$x - 1 = 2$이므로 $x = 3$

$y - 2 = 1$이므로 $y = 3$ $\qquad (x, y, z) = (3, 3, 3)$

($x - 1 = -1$, $y - 2 = -2$로는 자연수를 얻을 수 없다.)

$z = 2$일 때,

$\dfrac{1}{x} + \dfrac{2}{y} + \dfrac{3}{2} = 2$에 따라 $\dfrac{1}{x} + \dfrac{2}{y} = \dfrac{1}{2}$

양변에 $2xy$을 곱하면 $xy = 2y + 4x$

$$xy - 4x - 2y + 8 = 8$$

$$(x-2)(y-4) = 8$$

$x - 2 > y - 4$이므로

$x - 2 = 4$ 따라서 $x = 6$

$y - 4 = 2$ 따라서 $y = 6$ $\qquad (x, y, z) = (6, 6, 2)$

> $^*z = 3$일 때는 (1)의 $z \leq 3$까지의 등호가 모두 성립하므로 $x = y = z(=3)$이라고 생각할 수도 있다.

$x-2=8$ 따라서 $x=10$

$y-4=1$ 따라서 $y=5$ $(x,\ y,\ z)=(10,\ 5,\ 2)$

(앞에서와 마찬가지로 $x-2=-1,\ y-2=-8$이나 $x-2=-2,\ y-2=-4$로는 자연수를 얻을 수 없다.)

실전 모의시험Ⅲ

$f(x)\geqq0$이 모든 x에 대해 성립하는 조건은 $f(x)=0$의 판별식이 0 이하일 때이다.

$x^2-2(a-1)y\cdot x+\{y^2+(a-2)y+1\}=0$에서

$\dfrac{D}{4}=\{(a-1)y\}^2-\{y^2+(a-2)y+1\}\leqq0$이므로

$a(2-a)y^2+(a-2)y+1\geqq0$ ……(2)

(i) $a=0$일 때, (2) $\rightarrow$ $-2y+1\geqq0$은 모든 y에 대해 성립한다고는 할 수 없다.

(ii) $a=2$일 때, (2) $\rightarrow$ 좌변$=1(\geqq0)$이 되어 (2)는 모든 y에 대해 성립한다.

(iii) $a\neq0,\ a\neq2$일 때, y의 2차 부등식(2)이

　모든 y에 대해 성립하는 조건은

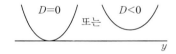

　'y^2의 계수>0 동시에 (2)의 좌변$=0$의 판별식$\leqq0$'이다.

　$a(2-a)y^2+(a-2)y+1=0$에서

　$D=(a-2)^2-4a(2-a)$

　　$=(a-2)(5a-2)$이므로, 위의 조건은

$a(2-a)>0$ 동시에 $(a-2)(5a-2)\leqq0$이다.

$0<a<2$ 동시에 $\dfrac{2}{5}\leqq a\leqq2$이므로 $\dfrac{2}{5}\leqq a<2$

이상을 종합하면, 구할 범위는 $\dfrac{2}{5}\leqq a\leqq2$ ((ii)와 (iii)의 결과를 합침)

(1)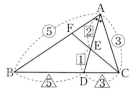

AD가 ∠A의 이등분선이므로

BD：DC＝AB：AC＝5：3

이 때 BC：CD＝(BD＋CD)：CD＝8：3

메넬라우스의 정리*를 이용해서

$\dfrac{BC}{CD}\cdot\dfrac{DE}{EA}\cdot\dfrac{AF}{FB}=1$에 적용하면

$\dfrac{8}{3}\cdot\dfrac{1}{2}\cdot\dfrac{AF}{FB}=1$에 의해 AF：FB＝3：4

> *메넬라우스의 정리는 출제된 적이 없고, 본문에서도 다루지 않았다.
> 이 문제의 (1) AF：FB도 (2)의 점 G를 사용하면 풀 수 있지만, 참고로 다음 페이지에 소개해 둔다.

(2)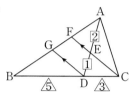

△AGD에서 AF：FG＝AE：ED＝2：1

△FBD에서 FG：GB＝CD：BD＝3：5

AF：FG＝6：3로 하여

AF：FG：GB＝6：3：5

(이 결과를 사용하면 (1)의 AF：FB＝AF：(FG＋GB)＝6：8＝3：4)

△BCF에서

CF：DG＝BF：BG＝8：5

따라서 CF＝$\dfrac{8}{5}$DG＝24

△AGD에서

EF：DG＝AF：AG＝2：3에 의해

EF＝$\dfrac{2}{3}$DG＝10

따라서 CE＝CF－EF＝14

따라서 △AFE：△ACE＝FE：CE＝10：14＝5：7

$\triangle GDB=\dfrac{5}{14}\triangle ABD=\dfrac{5}{14}\cdot\dfrac{5}{8}\triangle ABC=\dfrac{25}{112}\triangle ABC$

따라서 △ABC：△GDB＝112：25

▼ 참고

메넬라우스의 정리

$$\frac{BD}{DC} \cdot \frac{CE}{EA} \cdot \frac{AF}{FB} = 1$$

$$\frac{①}{②} \cdot \frac{③}{④} \cdot \frac{⑤}{⑥} = 1$$

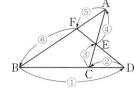

번호는 몇 번부터 시작해도 상관없다.

$$\frac{BA}{AF} \cdot \frac{FE}{ED} \cdot \frac{DC}{CB} = 1 \text{도 성립한다.}$$

[실전 모의시험 해답표]

I 問1				II 問1				III		
	ABC	162			A	6			A	0
	DE	12			BC	−4			B	2
	FGH	634			DE	23			C	2
	I	4			FG	23			D	0
	JK	24			HIJ	−13			EF	21
	LM	04			KL	33			G	1
	N	4			MNO	−32			H	0
	OP	28			P	1			I	4
	QR	12			QR	44			JKL	252
	STU	634			STU	−24			M	1
I 問2	ABCD	3364			VW	64			N	4
	EFG	326			X	7			OP	02
	HIJ	920			YZ	73			QRS	252
	KLMNO	93182		II 問2	A	4			TUV	252
					B	2			WX	25
					C	2			Y	4
					D	6			Z	2
					E	3		VI	AB	53
					F	0			CD	83
					G	2			EF	34
					H	2			GHI	635
					IJ	12			JK	14
					KL	23			LM	57
					MN	13			NOPQR	11225
					O	2				
					PQ	24				
					RS	46				
					TU	26				
					VWX	810				
					YZ	15				

数学 MATHEMATICS

【表 FRONT SIDE】

数 学 解 答 用 紙

MATHEMATICS ANSWER SHEET

受験番号 Emaminee Registration Number		名 前 Name	

⬆ あなたの受験票と同じかどうか確かめてください。Check that these are the same as your Examination Voucher. ⬆

解答コース Course	
コース1 Course 1	コース2 Course 2
○	○

この解答用紙に解答するコースを一つ○で囲み、その下のマーク欄をマークしてください。
Circle the name of the course you are taking and fill inthe oval under it.

Ⅰ - 問 1

解答記号	解答欄 Answer										
	−	0	1	2	3	4	5	6	7	8	9
A	⊖	⓪	①	②	③	④	⑤	⑥	⑦	⑧	⑨
B	⊖	⓪	①	②	③	④	⑤	⑥	⑦	⑧	⑨
C	⊖	⓪	①	②	③	④	⑤	⑥	⑦	⑧	⑨
D	⊖	⓪	①	②	③	④	⑤	⑥	⑦	⑧	⑨
E	⊖	⓪	①	②	③	④	⑤	⑥	⑦	⑧	⑨
F	⊖	⓪	①	②	③	④	⑤	⑥	⑦	⑧	⑨
G	⊖	⓪	①	②	③	④	⑤	⑥	⑦	⑧	⑨
H	⊖	⓪	①	②	③	④	⑤	⑥	⑦	⑧	⑨
I	⊖	⓪	①	②	③	④	⑤	⑥	⑦	⑧	⑨
J	⊖	⓪	①	②	③	④	⑤	⑥	⑦	⑧	⑨
K	⊖	⓪	①	②	③	④	⑤	⑥	⑦	⑧	⑨
L	⊖	⓪	①	②	③	④	⑤	⑥	⑦	⑧	⑨
M	⊖	⓪	①	②	③	④	⑤	⑥	⑦	⑧	⑨
N	⊖	⓪	①	②	③	④	⑤	⑥	⑦	⑧	⑨
O	⊖	⓪	①	②	③	④	⑤	⑥	⑦	⑧	⑨
P	⊖	⓪	①	②	③	④	⑤	⑥	⑦	⑧	⑨
Q	⊖	⓪	①	②	③	④	⑤	⑥	⑦	⑧	⑨
R	⊖	⓪	①	②	③	④	⑤	⑥	⑦	⑧	⑨
S	⊖	⓪	①	②	③	④	⑤	⑥	⑦	⑧	⑨
T	⊖	⓪	①	②	③	④	⑤	⑥	⑦	⑧	⑨
U	⊖	⓪	①	②	③	④	⑤	⑥	⑦	⑧	⑨
V	⊖	⓪	①	②	③	④	⑤	⑥	⑦	⑧	⑨
W	⊖	⓪	①	②	③	④	⑤	⑥	⑦	⑧	⑨
X	⊖	⓪	①	②	③	④	⑤	⑥	⑦	⑧	⑨
Y	⊖	⓪	①	②	③	④	⑤	⑥	⑦	⑧	⑨
Z	⊖	⓪	①	②	③	④	⑤	⑥	⑦	⑧	⑨

Ⅰ - 問 2

解答記号	解答欄 Answer										
	−	0	1	2	3	4	5	6	7	8	9
A	⊖	⓪	①	②	③	④	⑤	⑥	⑦	⑧	⑨
B	⊖	⓪	①	②	③	④	⑤	⑥	⑦	⑧	⑨
C	⊖	⓪	①	②	③	④	⑤	⑥	⑦	⑧	⑨
D	⊖	⓪	①	②	③	④	⑤	⑥	⑦	⑧	⑨
E	⊖	⓪	①	②	③	④	⑤	⑥	⑦	⑧	⑨
F	⊖	⓪	①	②	③	④	⑤	⑥	⑦	⑧	⑨
G	⊖	⓪	①	②	③	④	⑤	⑥	⑦	⑧	⑨
H	⊖	⓪	①	②	③	④	⑤	⑥	⑦	⑧	⑨
I	⊖	⓪	①	②	③	④	⑤	⑥	⑦	⑧	⑨
J	⊖	⓪	①	②	③	④	⑤	⑥	⑦	⑧	⑨
K	⊖	⓪	①	②	③	④	⑤	⑥	⑦	⑧	⑨
L	⊖	⓪	①	②	③	④	⑤	⑥	⑦	⑧	⑨
M	⊖	⓪	①	②	③	④	⑤	⑥	⑦	⑧	⑨
N	⊖	⓪	①	②	③	④	⑤	⑥	⑦	⑧	⑨
O	⊖	⓪	①	②	③	④	⑤	⑥	⑦	⑧	⑨
P	⊖	⓪	①	②	③	④	⑤	⑥	⑦	⑧	⑨
Q	⊖	⓪	①	②	③	④	⑤	⑥	⑦	⑧	⑨
R	⊖	⓪	①	②	③	④	⑤	⑥	⑦	⑧	⑨
S	⊖	⓪	①	②	③	④	⑤	⑥	⑦	⑧	⑨
T	⊖	⓪	①	②	③	④	⑤	⑥	⑦	⑧	⑨
U	⊖	⓪	①	②	③	④	⑤	⑥	⑦	⑧	⑨
V	⊖	⓪	①	②	③	④	⑤	⑥	⑦	⑧	⑨
W	⊖	⓪	①	②	③	④	⑤	⑥	⑦	⑧	⑨
X	⊖	⓪	①	②	③	④	⑤	⑥	⑦	⑧	⑨
Y	⊖	⓪	①	②	③	④	⑤	⑥	⑦	⑧	⑨
Z	⊖	⓪	①	②	③	④	⑤	⑥	⑦	⑧	⑨

Ⅱ - 問 1

解答記号	解答欄 Answer										
	−	0	1	2	3	4	5	6	7	8	9
A	⊖	⓪	①	②	③	④	⑤	⑥	⑦	⑧	⑨
B	⊖	⓪	①	②	③	④	⑤	⑥	⑦	⑧	⑨
C	⊖	⓪	①	②	③	④	⑤	⑥	⑦	⑧	⑨
D	⊖	⓪	①	②	③	④	⑤	⑥	⑦	⑧	⑨
E	⊖	⓪	①	②	③	④	⑤	⑥	⑦	⑧	⑨
F	⊖	⓪	①	②	③	④	⑤	⑥	⑦	⑧	⑨
G	⊖	⓪	①	②	③	④	⑤	⑥	⑦	⑧	⑨
H	⊖	⓪	①	②	③	④	⑤	⑥	⑦	⑧	⑨
I	⊖	⓪	①	②	③	④	⑤	⑥	⑦	⑧	⑨
J	⊖	⓪	①	②	③	④	⑤	⑥	⑦	⑧	⑨
K	⊖	⓪	①	②	③	④	⑤	⑥	⑦	⑧	⑨
L	⊖	⓪	①	②	③	④	⑤	⑥	⑦	⑧	⑨
M	⊖	⓪	①	②	③	④	⑤	⑥	⑦	⑧	⑨
N	⊖	⓪	①	②	③	④	⑤	⑥	⑦	⑧	⑨
O	⊖	⓪	①	②	③	④	⑤	⑥	⑦	⑧	⑨
P	⊖	⓪	①	②	③	④	⑤	⑥	⑦	⑧	⑨
Q	⊖	⓪	①	②	③	④	⑤	⑥	⑦	⑧	⑨
R	⊖	⓪	①	②	③	④	⑤	⑥	⑦	⑧	⑨
S	⊖	⓪	①	②	③	④	⑤	⑥	⑦	⑧	⑨
T	⊖	⓪	①	②	③	④	⑤	⑥	⑦	⑧	⑨
U	⊖	⓪	①	②	③	④	⑤	⑥	⑦	⑧	⑨
V	⊖	⓪	①	②	③	④	⑤	⑥	⑦	⑧	⑨
W	⊖	⓪	①	②	③	④	⑤	⑥	⑦	⑧	⑨
X	⊖	⓪	①	②	③	④	⑤	⑥	⑦	⑧	⑨
Y	⊖	⓪	①	②	③	④	⑤	⑥	⑦	⑧	⑨
Z	⊖	⓪	①	②	③	④	⑤	⑥	⑦	⑧	⑨

【裏 REVERSE SIDE】

数学 MATHEMATICS

数 学 解 答 用 紙

MATHEMATICS ANSWER SHEET

解答コース Course

コース 1 Course 1	コース 2 Course 2
○	○

この解答用紙に解答するコースを一つ○で囲み、
その下のマーク欄をマークしてください。
Circle the name of the course you are taking and
fill in the oval under it.

II - 問 2

解答欄 Answer

解答記号	-	0	1	2	3	4	5	6	7	8	9
A											
B											
C											
D											
E											
F											
G											
H											
I											
J											
K											
L											
M											
N											
O											
P											
Q											
R											
S											
T											
U											
V											
W											
X											
Y											
Z											

III

解答欄 Answer

解答記号	-	0	1	2	3	4	5	6	7	8	9
A											
B											
C											
D											
E											
F											
G											
H											
I											
J											
K											
L											
M											
N											
O											
P											
Q											
R											
S											
T											
U											
V											
W											
X											
Y											
Z											

IV

解答欄 Answer

解答記号	-	0	1	2	3	4	5	6	7	8	9
A											
B											
C											
D											
E											
F											
G											
H											
I											
J											
K											
L											
M											
N											
O											
P											
Q											
R											
S											
T											
U											
V											
W											
X											
Y											
Z											

초판발행	2019년 10월 25일
1판 2쇄	2022년 8월 22일
저자	데라모토 고지(寺元耕二)
책임 편집	조은형, 무라야마 토시오, 김성은, 박현숙, 손영은
펴낸이	엄태상
표지 디자인	진지화
콘텐츠 제작	김선웅, 김현이, 유일환
마케팅	이승욱, 왕성석, 노원준, 조성민, 이선민
경영기획	조성근, 최성훈, 정다운, 김다미, 최수진, 오희연
물류	정종진, 윤덕현, 신승진, 구윤주
펴낸곳	시사일본어사(시사북스)
주소	서울시 종로구 자하문로 300 시사빌딩
주문 및 교재 문의	1588-1582
팩스	0502-989-9592
홈페이지	www.sisabooks.com
이메일	book_japanese@sisadream.com
등록일자	1977년 12월 24일
등록번호	제 300-2014-92호

ISBN 978-89-402-9292-1 14410
ISBN 978-89-402-9290-7 (세트)

이 책에 쓰인 기출문제는 独立行政法人 日本学生支援機構(JASSO)의 승인과
株式会社 凡人社의 허락을 얻어 실었습니다.